KORPORATION DER KAUFMANNSCHAFT VON BERLIN.

Handels-Hochschule Berlin.

Vorlesungen und Übungen

im Sommer-Semester 1912.

Preis 30 Pf. Zu haben beim Pedell in der Pförtner-Loge des Hochschulgebäudes (am Eingang Spandauer Str. 1)

Verlag von Georg Reimer
Berlin W35, Genthiner Straße 38.

Inhalt.

A.

Lehrkörper der Handels-Hochschule Berlin.

(Die Sprechstunden sind in Klammern angegeben.)

I. Rektor (Rektoratsperiode Januar 1911 bis Herbst 1913)

Dr. A. Binz, Professor (s. Nr. 1).

II. Stellvertreter des Rektors

Dr. Martens, Professor (s. Nr. 6).

III. Dozenten im Hauptamte.

	Nummern der Vorlesungen.
1. Dr. Binz, Professor der Chemie, Berlin W. 30, Habsburger Str. 10 II, Amt Krf. 4889. *(Di, Mi, Fr 10-11 im Rektoratszimmer, Amt Ztr. 5115.)*	80-84
2. Dr. Eltzbacher, Professor der Rechtswissenschaft, Grunewald, Beymestr. 7. *(Mo, Do 11 Uhr im Hochschulgebäude, Zimmer 106, Amt Ztr. 5311.)*	54, 58, 61-64
3. Dr. Hellauer, Professor der Handelswissenschaften, von Anfang März ab: Zehlendorf-West, Seestr. 53. *(Mi 11-12 und nach Schluss der Vorlesungen im Hochschulgebäude, Zimmer 2.)*	3, 5, 6, 14, 17, 20
4. Dr. Jastrow, Professor der Staatswissenschaften, Westend, Nußbaumallee 24. *(Di, Fr 10 Uhr, Fr 5 Uhr im Hochschulgebäude, Zimmer 207. Di, Do 4-5 in der Privatwohnung.)*	1, 23, 34-36
5. Leitner, Professor der Handelswissenschaften, Charlottenburg, Windscheidstr. 5 I. *(Im Hochschulgebäude, Zimmer 108, nach den Vorlesungen, Amt Ztr. 5311.)*	4, 7, 11, 13, 19
6. Dr. Martens, Professor der Physik, Berlin NW. 23 (Bahnhof Bellevue), Claudiusstr. 4, Gartenhaus III. Etage. *(Täglich im Physikalischen Institut, Fernsprecher des Physikalischen Instituts, Amt Ztr. 5115.)*	74-79

Nummern der Vorlesungen.

7. Dr. Preuß, Professor des öffentlichen Rechts, Berlin W. 10, Matthäikirchstr. 29. *(Im Hochschulgebäude Zimmer 106 nach den Vorlesungen.)* 59, 60, 65

8. Dr. Schär, Professor der Handelswissenschaften, Groß-Lichterfelde-Ost, Schillerstr. 26, Telephon Amt Groß-Lichterfelde 3658. *(Di, Fr 12-1 im Hochschulgebäude, Zimmer 1, Amt Ztr. 5311.)* 2, 10, 18

9. Dr. Sombart, Professor der Staatswissenschaften, Charlottenburg, Suarezstr. 27 (Eingang Trendelenburgstraße.) *(Mi, Do um 2 Uhr im Hochschulgebäude, Zimmer 104, Amt Ztr. 5311.)* 22, 25, 37

10. Dr. Spies, Dozent der englischen Sprache, Berlin W. 57, Kurfürstenstr. 4 III. *(Im Hochschulgebäude, Zimmer 125, nach den Vorlesungen und Übungen, Amt Ztr. 5311.)* 91, 93, 117, 118

IV. Dozenten im Nebenamte.

11. Dr. Apt, Professor, Syndikus der Aeltesten der Kaufmannschaft von Berlin und Syndikus der Handels-Hochschule, Berlin NW. 40, In den Zelten 9a. *(Mi 12-1 in seinem Amtszimmer Neue Friedrichstr. 51 I.)*

12. Dr. v. Bortkiewicz, a. o. Professor an der Universität, Halensee, Johann-Sigismund-Str. 2, Amt Uhland 1951. *(Fr 10-11 in der Wohnung.)* 26

13. Dr. Crüger, Justizrat, Professor, Anwalt des Allgemeinen Deutschen Genossenschafts-Verbandes *(9-10 im Bureau des Allgemeinen Deutschen Genossenschafts-Verbandes, Charlottenburg, Berliner Strasse 102).* Amt Charlottenburg 597. 48, 49

14. Dr. Eger, Geheimer Regierungsrat, Berlin W. 10, Rauchstr. 5 II, Amt Lzw. 4974. *(Täglich 5-6 in der Privatwohnung; Do 8 abends im Hochschulgebäude, Zimmer 103).* 56

15. Dr. Frischeisen-Köhler, Privatdozent an der Universität, Berlin SW. 61, Gitschiner Str. 1 II. *(Nach der Vorlesung.)* 113

16. Dr. Paul Goldschmidt, Professor, Oberlehrer a. D., Steglitz, Hohenzollernstr. 7 I. *(3-4 in der Wohnung.)*

Nummern der Vorlesungen.

17\. Dr. Hager, Regierungsrat a. D., Direktor der Preußischen Lebens-Versicherungs-Aktien-Gesellschaft, Berlin W. 8, Mohrenstr. 62. *(Im Hochschulgebäude, Zimmer 103, vor und nach der Vorlesung.)* 46, 47

18\. Haguenin, Professor an der Universität Berlin, Wilmersdorf, Hohenzollerndamm 205, Amt Pfzb. 3054. *(Im Hochschulgebäude nach der Vorlesung, Di 11-1 in der Wohnung.)* 119

19\. Hartung, Geh. Ober-Finanzrat, Wilmersdorf, Kaiserallee 200, Amt Pfzb. 147. *(Nach den Vorlesungen im Hochschulgebäude Zimmer 103.)* 29

20\. Hermann Hecht, Kaufmann, Mitinhaber der Firma Hecht, Pfeiffer & Co., Berlin SW. 68, Ritterstr. 48, Amt Mpl. 10387, 10388. *(Vormittags 9-10, Ritterstr. 48.)* 21

21\. Dr. Heilfron, Amtsgerichtsrat, Professor, Charlottenburg, Fasanenstr. 6, Amt Charlottenburg 10012. *(Nach den Vorlesungen im Hochschulgebäude, Zimmer 103.)* 51, 57

22\. Dr. Herrmann, Professor, Privatdozent an der Universität, Schriftleiter der Gesellschaft für deutsche Erziehungs- und Schulgeschichte, Berlin W. 50, Augsburger Str. 34 III. *(Mo, Do 4-5 in der Privatwohnung.)* 114

23\. Dr. Hoeniger, Professor, Privatdozent an der Universität, Lehrer an der Kriegsakademie, Berlin W. 50, Kurfürstendamm 231, hochparterre. *(Di, Fr 3-½5 in der Privatwohnung.)* 73

24\. Dr. Justi, Professor, Direktor der Königlichen National-Galerie, Wilmersdorf, Xantener Str. 15, Amt Pfzb. 3786. *(Nach der Vorlesung im Hochschulgebäude.)* 115

25\. Dr. Köbner, a. o. Professor an der Universität, Wirklicher Admiralitätsrat und Vortragender Rat im Reichs-Marine-Amt, Berlin W. 10, Matthäikirchstr. 28 parterre, Amt Lzw. 5194. *(Nach der Vorlesung im Hochschulgebäude.)* 38

26\. Dr. Kriele, Volkswirtschaftlicher Beirat der Aeltesten der Kaufmannschaft von Berlin, Grunewald, Friedenthalstraße 21 (Haus zum Lodzer Webstuhl). *(Werktäglich von 10-11 Neue Friedrichstr. 51 I.)* 33

Nummern der Vorlesungen.

27. Dr. Kuczynski, Direktor des Statistischen Amts der Stadt Schöneberg, Friedenau, Sponholzstr. 47, Amt Pfzb. 141. *(Nach den Vorlesungen im Hochschulgebäude, Zimmer 103.)* 24

28. Dr. Kühne, Geheimer Regierungsrat, Charlottenburg, Schloßstr. 48. *(Nach der Vorlesung oder nach den Übungen im Hochschulgebäude.)* 110-112

29. Dr. Freiherr v. Liebig, Geheimer Regierungsrat, Mitglied des Kaiserlichen Aufsichtsamts für Privatversicherung, Berlin W. 15, Ludwigskirchstr. 10 III. *(Vor und nach den Vorlesungen im Hochschulgebäude, Zimmer 103.)* 41, 44

30. Dr. v. Luschan, o. Professor an der Universität, Geheimer Regierungsrat, Südende, Oehlertstr. 26, Amt Tempelhof 3222. *(Nach der Vorlesung.)* 39

31. Dr. Manes, Professor, Generalsekretär des Deutschen Vereins für Versicherungswissenschaft, Berlin W. 50, Prager Str. 26 I, Amt Pfzb. 6709. *(Nach den Vorlesungen im Hörsaal; in der Wohnung nach Verabredung.)* 42, 43, 45

32. Dr. Marcuse, Professor, Privatdozent an der Universität, Lehrer beim Luftschiffer-Bataillon und an der Militär-Technischen Akademie, Charlottenburg, Dahlmannstr. 5, Amt Charlottenburg 9434. *(Nach den Vorlesungen und Übungen.)* 70-72

33. Dr. F. Meyer, Geheimer Justizrat, Kammergerichtsrat, Berlin W. 15, Hohenzollerndamm 207. *(5-6 in der Privatwohnung.)* 52, 53

34. Dr. Muthesius, Geheimer Regierungsrat, Nikolassee, Dreilindenstraße. *(Nach der Vorlesung im Hörsaal.)* 116

35. Norden, Redakteur, Berlin W. 50, Spichernstr. 7, Amt Pfzb. 7299. *(In der Privatwohnung an jedem Sonnabend von 5-6.)* 8

36. Dr. Osterrieth, Professor, Generalsekretär des Deutschen Vereins für den Schutz des gewerblichen Eigentums, Berlin, Bureau: W. 66, Wilhelmstr. 57-58 II, Amt Ztr. 5404. *(Von 12-2 im Bureau.)* 55

37. Dr. Palme, Lehrer am Orientalischen Seminar der Universität, Berlin W. 57, Bülowstr. 67 III. *(Im Sprechzimmer nach den Vorlesungen und Übungen, in der Wohnung nach Verabredung.)* 32, 101

Nummern der Vorlesungen.

38. Paschke, Verlagsbuchhändler, Inhaber der Haude & Spenerschen Buchhandlung (Max Paschke), Berlin SW. 11, Dessauer Str. 13. *(Vormittags 11-1, Dessauer Str. 15.)* 9

39. Dr. Rahts, Professor, Kaiserlicher Regierungsrat und Mitglied des Kaiserlichen Statistischen Amtes, Charlottenburg, Königin-Luise-Str. 17, Amt Charlottenburg 3135. *(Täglich von 4-5 in der Privatwohnung.)* 28

40. Dr. Rohrbach, Berlin-Friedenau (Ringbahnhof), Isoldestraße 10, Amt Pfzb. 664. *(3-4 in der Privatwohnung.)* 40

41. Dr. v. Seefeld, Geheimer Oberregierungsrat, Vortragender Rat im Ministerium für Handel und Gewerbe, Zehlendorf, Knesebeckstr. 5. *(Im Hochschulgebäude nach der Vorlesung.)* 27

42. Dr. Tiessen, Friedenau, Friedrich-Wilhelm-Platz 6. *(Im Hochschulgebäude nach der Vorlesung.)* 66, 69

43. Dr. Georg Wegener, Professor, Berlin W. 50, Prager Straße 36. *(Im Hochschulgebäude nach der Vorlesung.)* 67, 68

44. Dr. Ziegel, Mathematiker bei der Versicherungs-Gesellschaft „Victoria zu Berlin“, Berlin W. 30, Goltzstr. 36, vom 15. März ab: Wilmersdorf, Berliner Str. 18. *(Im Hochschulgebäude nach den Vorlesungen.)* 15, 16

Mit der Abhaltung von Vorlesungen beauftragt:

45. Dr. v. Erdberg, Berlin W. 50, Augsburger Str. 61 (Zentralstelle für Volkswohlfahrt), Amt Lzw. 2637. *(Im Hochschulgebäude nach der Vorlesung.)*

46. Dr. Gerstner, wissenschaftlicher Direktionsassistent der „Revision“, Treuhand-Aktien-Gesellschaft, Charlottenburg, Kantstr. 77, Amt Charl. 15 142. *(Vor und nach der Vorlesung im Hochschulgebäude Zimmer 103.)* 12

47. J. Hoffmann, Bureaudirektor der Korporation der Kaufmannschaft, Berlin C. 2, Neue Friedrichstr. 51 (Verkehrsbureau, Amt Ztr. 5290). *(Täglich 12-2.)* 50

48. Dr. J. F. Hoffmann, Professor am Institut für Gärungsgewerbe zu Berlin, Nieder-Schönhausen, Kaiser-Wilhelm-Straße 79. *(In der Hochschule nach der Vorlesung.)*

49. Dr. Somary, Berlin NW. 23, Klopstockstr. 15. *(Nach der Vorlesung im Hochschulgebäude, Zimmer 103.)* 30, 31

Nummern der Vorlesungen.

V. Lehrer am Handels-Hochschul-Seminar für fremde Sprachen.

Englisch.

50. Brandenburg, Professor, Oberlehrer, Berlin W. 30, Landshuter Straße 22. *(Im Anschluss an die Übungen im Hochschulgebäude.)* 89, 92

51. Milton Hart, Steglitz, Südendstr. 4. *(Im Hochschulgebäude nach den Übungen; in der Potsdamer Str. 27 b, 2. Villa, täglich ausser Sb 6½-8.)* 85-87, 90

52. Dr. Neuendorff, Oberlehrer, Charlottenburg, Bismarckstraße 13. *(Nach den Übungen.)* 88
Dr. Spies (s. Nr. 10).

Französisch.

53. Francillon, Lehrer am Orientalischen Seminar, Charlottenburg 4, Sybelstr. 37. *(Im Anschluss an die Übungen im Hochschulgebäude Zimmer 103.)* 94

54. Maillet, Licencié-ès-lettres und D. E. S. de l'Université de Paris, Wilmersdorf, Pfalzburger Str. 33a. *(Im Anschluss an die Übungen.)* 95, 96, 100

55. Puy-Fourcat, Officier de l'Instruction publique, Lehrer an der Kgl. Militärtechnischen Akademie, Berlin W. 35, Potsdamer Str. 113a. *(Im Anschluss an die Übungen.)* 97, 98

56. Dr. K. Schmidt, Professor, Oberlehrer, Berlin SW. 47, Yorckstr. 68. *(Im Anschluss an die Übungen.)* 99

Russisch.

57. Dr. Boehme, Berlin SW. 11, Tempelhofer Ufer 36. *(Nach den Übungen.)* 102, 103
Dr. Palme (s. Nr. 37).

Spanisch.

58. Dr. de Mugica, Lehrer am Orientalischen Seminar, Berlin NW. 52, Wilsnacker Str. 3. *(Vor und nach den Übungen.)* 105, 106

59. de Palacios, Konsul a. D., Steglitz, Mariendorfer Str. 57. *(Nach den Übungen.)* 104

Nummern der Vorlesungen.

Italienisch.

60. Dr. Stoppani, Berlin W. 10, Dörnbergstr. 5. *(Nach den Übungen.)* **107, 108**

Deutsche Sprachkurse für Ausländer:

61. Dr. Paszkowski, Professor, Leiter der Akademischen Auskunftsstelle an der Universität und Lektor der deutschen Sprache daselbst, Direktor des deutschen Instituts für Ausländer (Böttinger-Studienhaus), Berlin NW. 7, Bauhofstr. 7. *(Mo, Do 11-12 in der Universität.)* **109**

VI. Lehrer für Stenographie.

62. Coprian, Heinrich, Lehrer, Berlin N. 58, Am Falkplatz 3 (System Stolze-Schrey). *(Vor den Übungen.)* **120, 121**

B.

Institute und Seminare.

1. Physikalisches Institut.

(I. Stock links.)

Direktor: Professor Dr. Martens (s. A. Nr. 6).
Assistent: Dr. Rosenthal, Berlin W. 30, Stübbenstr. 3.
Mechaniker: Horch, Lichtenberg, Frankfurter Chaussee 154.

2. Chemisches Institut.

(II. Stock links.)

Direktor: Professor Dr. Binz (s. A. Nr. 1).
Institutsassistenten: Dr. Grünewald, Berlin C. 25, Münzstr. 7.
Dr. Hoyermann, Berlin NW. 6, Luisenstr. 10.
Privatassistent: Dr. Schädel, Berlin SW. 11, Bernburger Str. 21.
Institutsdiener: Köster, Berlin C. 2, Heiligegeistgasse 10-11.

3. Handelswissenschaftliches Seminar.

(Erdgeschoß rechts, Zimmer 3 und 4.)

Direktoren: Professor Dr. Schär (s. A. Nr. 8),
Professor Leitner (s. A. Nr. 5),
Professor Dr. Hellauer (s. A. Nr. 3).
Maschinenschreiberin: Frl. Ziese, Friedenau, Handjerystr. 29.

4. Volkswirtschaftlich-juristisches Seminar.

(I. Stock links, Zimmer 105.)

Direktoren: Professor Dr. Sombart (s. A. Nr. 9),
Professor Dr. Eltzbacher (s. A. Nr. 2).

5. Geographisches Seminar.

(I. Stock rechts, Zimmer 126.)

Direktor (für Sommer-Semester 1912): Dr. Tiessen (s. A. Nr. 42).

6. Seminar für Handelslehrer.

(I. Stock rechts, Zimmer 124.)

Direktor: Geheimer Regierungsrat Dr. Kühne (s. A. Nr. 28).

7. Handels-Hochschul-Seminar für fremde Sprachen.

(I. Stock links, Zimmer 107.)

Direktor: Dr. Spies (s. A. Nr. 10).

8. Astronomisch-geographische Übungsstation.

(Heiligegeiststr. 1, Eckeingang.)

Direktor: Professor Dr. Marcuse (s. A. Nr. 32).
Privatassistent: Ingenieur W. Lindt, Charlottenburg, Eosanderstr. 9.

C.

VERZEICHNIS der Vorlesungen und Übungen

die im

Sommer-Semester 1912

an der

Handels-Hochschule Berlin

gehalten werden.

I. Allgemeine Einführung in die Studien.

Dozent:

(1.) Einführung in das akademische Studium, insbesondere an der Handels-Hochschule — *Fr 11-12* . . . . Jastrow

1. Allgemeiner Überblick. — Die wichtigsten Ratschläge für erfolgreiche Benutzung des ersten Semesters. — 2. Einführung in das Studium der wirtschaftlich-juristischen Fächer, einschließlich der Handelswissenschaften. — Historisch-geographische Fächer. — Einiges über die Naturwissenschaften und ihre Stellung im Studienplan. — Sprachstudien und Sprechübungen (fremde Sprachen; Beherrschung der Muttersprache, namentlich im rednerischen Gebrauch). — Allgemeine Bildung und Fertigkeiten. — 3. Verteilung des Unterrichtsstoffes auf vier Semester. Studienpläne. Verwendung der Ferien. — 4. Spätere Fortbildung nach Verlassen der Handels-Hochschule. Kenntnis der Hilfsmittel für selbständige Fortbildung.

II. Handelswissenschaften.

Betriebslehre des Handels und einzelner Handelszweige, Handelsjournalistik.

(2.) Allgemeine Handelsbetriebslehre (unter Berücksichtigung der Beziehungen zwischen Weltwirtschaft, Weltmarkt und Welthandel) — *Di, Do, Fr 10-11* . . . . Schär

Einführung in das Studium der Handelswissenschaften, insbesondere in die Betriebslehre; ihre wissenschaftliche Grundlage. Wesen und Begriff des Handels. Welthandel, Weltverkehr und Weltwirtschaft. Das ökonomische Prinzip als Leitmotiv des Handels. Allgemeine und abgeleitete Grundsätze für den Handelsbetrieb. Die Lehre vom Einkauf und

Der Auditorienzettel erscheint vor Beginn des Semesters.

Dozent:

Verkauf. Größe und Schnelligkeit des Umsatzes. Die Rolle der Betriebskosten. Der Handelsbetrieb unter dem Einfluß der Entwicklungstendenzen im Handel (Groß- und Kleinbetrieb, Konkurrenz, Koalition, Spekulation, Konjunktur). Anwendung der Betriebsgrundsätze auf die Arten und Zweige des Handels. Die Betriebsfaktoren (Arbeit, Ware, Kapital, Kredit). Der Handel im Organismus der Volkswirtschaft, im Entwicklungsgang der Geschichte.

(3.) Allgemeine Welthandelslehre (Allgemeine Lehre vom Warenhandel, mit besonderer Berücksichtigung des international. Handelsverkehrs); ausgewählte Kapitel — *Di 11-1, Mi 9-10 Vorm.* . . . . Hellauer

1. Einleitung: Welthandel und Welthandelslehre.

2. Überblick über die Organisation des Welthandels: Exporthandel, Importhandel, öffentlicher Handelsverkehr (Märkte, Auktionen, Einschreibungen, Submissionen, Börsen).

3. Die Technik des Kaufvertrages im allgemeinen.

4. Besondere Arten von Kaufverträgen im Welthandel: der „Auftrag" des Exporteurs, das „Indentgeschäft" im Osten, die Verträge des Produktenimports von Übersee.

5. Der Kredit- und Zahlungsverkehr im Überseehandel.

(4.) Spezielle Betriebslehre: Die Technik des Bank- und Börsenhandels — *Mi 11-12, Do 10-12* Leitner

Organisation des Kreditverkehrs. Die Banken, ihre Aufgaben und Geschäfte. Aktive und passive Kredit- und Darlehnsgeschäfte; die Zahlungsvermittelung; Depot- und Depositengeschäft usw.

Die rechnerischen Grundlagen des Bankverkehrs.

Die Gegenstände des Effektenbörsenhandels. Die Wertpapiere, ihre Fundierung und Emission. Börsenpreis, Kursfeststellung. Börsengeschäfte in Effekten und ihre Erfüllung. Kassa-, Zeit-, Prämiengeschäfte. Skontrierung. Technik der Reportierung.

Banken und Börse. Börsenkunden. Effektengeschäfte der Banken. Geldverkehr an der Börse.

(5.) Spezielle Welthandelslehre: Der Handel des näheren und weiteren Orients — *Mi 8-9 Abends* . . . . Hellauer

Handelseinrichtungen und allgemeine Handelsverhältnisse, Handelsorganisation und Handelstechnik in den einzelnen Handelsgebieten bezw. im Verkehr mit denselben.

(6.) Ausgewählte Kapitel aus der Lehre vom Bank- und Börsenverkehr mit Berücksichtigung der Rechnungstechnik — *Mi 10-11, Fr 9-10 Vorm.* Hellauer

Der Handel mit Wechseln, Effekten, Valuten und Edelmetallen; die in diesen Handelszweigen im allgemeinen und nach den Handelsgebräuchen der wichtigsten Handelsplätze des In- und Auslandes sich ergebenden Berechnungen, insbesondere auch die Arbitragerechnungen.

(A) vor Übungen = „Aufnahme vorher bei dem Dozenten nachzusuchen".

Dozent:

(7.) Wechselwirtschaftskunde — *Mi 9-10 Vorm.* . . Leitner

Kurze Erläuterung der rechtlichen Grundlagen des Wechselverkehrs. Der Wechsel als Zahlungsmittel, insbesondere im internationalen Handel, als Kreditinstrument und als Sicherungsmittel. Der Wechsel als Spekulationsobjekt; Kurswechsel und Wechselkurs, Goldpunkt, Devisenrechnung und -Arbitrage. Der Wechsel als Mittel der Geldbeschaffung; der Diskontmarkt, Wechseldiskont und Diskont-Arbitrage, Finanzwechsel.

(8.) Handelsjournalistik und wirtschaftliche Berichterstattung — *Di 6-7* . . . . Norden

Einleitung. Aus der Geschichte des Zeitungswesens. Definition. Der Nutzen einer objektiven Berichterstattung und Kritik. Kaufmannschaft und Presse. Organisation. Die Kunst der Schriftstellerei (äußere und innere Erfordernisse; die Regeln eines guten Stils; Typographisch-technisches). Das Redigieren (Bearbeitung von Telegrammen und sonstigen Manuskripten mit Übungen). Erstattung von Referaten mit Übungen. Berichte kaufmännischer Korporationen, Marktberichte der Kaufleute (sachliche und stilistische Erfordernisse). Die Pflichtberichterstattung der Aktiengesellschaften. Ethik und Polemik.

Einzelne Handelszweige.

Buchhandel.

(9.) Die Technik der Buchherstellung — *Do 8-9 Abends* . . . . Paschke

Das Papier: Die Herstellung des Hand- u. Maschinenpapieres. — Die Druckpapiere und ihre Eigenschaften. — Die Papierprüfung.

Der Buchdruck: Das Schriftmaterial und seine Herstellung. — Die Technik des Werksatzes. — Die zweckmäßige Satzanordnung der Buchseiten und die künstlerischen Anforderungen der neuzeitlichen Buchausstattung. — Der Titelsatz. — Die Stereotypie und die Setzmaschinen. — Die Technik des Druckes. — Die Preisberechnung der Satz- und Druckarbeiten.

Bank- und Börsenhandel

vgl. die einzelnen Abschnitte dieser Abteilung, sowie Abt. III und IV.

Exportgeschäfte

siehe unter „Handelswissenschaftliches Seminar“.

Andere Geschäftszweige.

Ferner finden sich Vorlesungen über Gegenstände einzelner Handels- und Industriezweige in anderen Abteilungen, so über Kolonialhandel und Versicherungsgeschäft in Abt. III, über Eisenbahnen und andere mit dem Speditionsgewerbe zusammenhängende Gegenstände in Abt. III und IV, über Metall- und Elektrizitätsgewerbe, Chemische Industrie usw. in Abt. VI, über Kunstgewerbe in Abt. IX.

Der Auditorienzettel erscheint vor Beginn des Semesters.

Dozent:

Über die zu Ende des Winter- und zu Anfang des Sommersemesters in der Aula der Handels-Hochschule stattfindenden »Gewerblichen Einzelvorträge« von Vertretern der Praxis aus Handel und Industrie wird ein besonderer Prospekt ausgegeben.

Buchhaltung.

(10.) Das Ganze der systematischen Buchhaltung — *Di, Do, Fr 11-12* . . . . Schär

Theoretischer Teil: Geschichte und Theorie der Buchhaltung. Zweck, Mittel und Methoden der systematischen Buchhaltnng. Ableitung der Kontensysteme. Eingangsbilanz, Geschäftsgang und Schlußbilanz; Kontrolle.

Praktischer Teil: Ableitung und kritische Vergleichung der in der Praxis vorkommenden Formen der doppelten Buchhaltung (amerikanische, italienische, deutsche, französische Form und ihre Kombinationen). Die Organisation der Buchhaltung, insbesondere Anpassung der Buchhaltung an die verschiedenen kaufmännischen und industriellen Betriebe und die gesellschaftlichen Unternehmungsformen. Gründungs-, Fusions- und Liquidationsbilanzen; Zwischenbilanzen und Filialbuchhaltung. Kalkulatorische Buchhaltung. Rechts- und Streitfragen aus dem Gebiete der Buchhaltung usw.

(11.) Buchhaltung und Bilanzkunde für Verwaltungsbeamte, Juristen usw. — *Di 7-8*. . . . . Leitner

Die Rechnungsführung von Aufwands- und Erwerbswirtschaften im allgemeinen. Die kaufmännische Buchhaltung. Verrechnung der Bestände; Inventar. Konten. Das System der doppelten Buchhaltung. Kontenabschluß. Wichtige Konten kommerzieller Betriebe. Gründungs- und Schlußbilanzen. Ausgewählte Kapitel aus der Bilanzkunde.

(12.) (A) Einführung in die Buchhaltung mit Übungen (Vorbereitungskurs für Studierende ohne Vorkenntnisse) — *Mi 8-9, Sb 8-10 Vorm.* . . Gerstner

Wesen der Buchhaltung und ihre Beziehungen zu Wirtschaft und Recht. Das Inventar. Die Kassen-, Personen- und Warenrechnung. Die Handelsbücher und die Konten. Die Vermögensrechnung und die Erfolgrechnung und ihre buchhalterische Erfassung. Die Anwendung der Grundsätze ordnungsmäßiger Buchführung nach den Regeln der doppelten Buchführung, veranschaulicht an kurzen, typischen Beispielen und Geschäftsgängen mit jeweiligem Abschluß. Die Technik der Bilanzierung.

Die dritte Stunde wird vom zweiten Drittel des Semesters ab als Übungsstunde eingerichtet. Näheres am schwarzen Brett.

(13.) (A) Buchhaltungsseminar — *Mo 9-11* . . . . Leitner

Besprechung und Verbuchung schwieriger Fälle der Buchhaltung verschiedener Geschäftszweige. Kurze Referate über einzelne Fragen der Organisation des Rechnungswesens

(A) vor Übungen = „Aufnahme vorher bei dem Dozenten nachzusuchen".

Dozent:

(z. B. Kontrolle, Zuverlässigkeit, Kalkulationsbuchhaltung, Kritik der Formen und der Kontentheorien; Kontenwahl in gegebenen Fällen u. a.).

Voraussetzung der Aufnahme ist, daß die grundlegende Vorlesung — Theorie und Technik der Buchhaltung oder das Ganze der systematischen Buchhaltung — bereits gehört ist.

Kaufmännische Arithmetik usw.

(14.) Die Arithmetik des Warenhandels — *Mi 12-1* . Hellauer

Die Wertberechnung von Waren mit Berücksichtigung von Besonderheiten in den Handelsgebräuchen wichtiger Handelsartikel. Abrechnungen von Kommissions- und Metageschäften. Preisparitäten und Paritätstabellen. Ein- und Verkaufskalkulationen mit kritischer Betrachtung der einzelnen Methoden.

(15.) Die mathematischen Grundlagen der Rechnungen im Bankgeschäft — *Do 7-8* . . . . . . Ziegel

Herleitung der Zinsen- und der Zinseszinsformel. Berechnung der Zinsen im Kontokorrentverkehr. Mathematischer und kaufmännischer Diskont. Berechnung von Zeitrenten (Annuitäten). Tilgungsgleichung der Anleihen. Aufstellung und Erörterung des Tilgungsplans. Bestimmung von Kurswerten.

(16.) Logarithmen und logarithmisches Rechnen — *Mo 6-7* . . . . Ziegel

Potenzen, Wurzeln und Logarithmen. Logarithmisches Rechnen. Die Logarithmen als Hilfsmittel zur Auflösung von Gleichungen. Logarithmischer Rechenstab.

(17.) ([A]) Übungen in der Arithmetik des Bankgeschäftes — *Di 10-11* . . . . Hellauer

Es werden insbesondere Wechseldiskont-, Devisen-, Effekten-, Valuten- und Edelmetallberechnungen nach den Usancen der wichtigsten Handelsplätze sowie Arbitragen geübt werden.

Seminar.

(18.) Handelswissenschaftliches Seminar — *Mi 11-1* . Schär

a) Kolloquium über die Handelsbetriebslehre.

b) Übungen, Vorträge, Disputationen, Repetitorien aus dem gesamten Gebiete der allgemeinen und praktischen Handelsbetriebslehre; Besprechung einschlägiger Zeit- und Streitfragen, sowie der neuen Literatur. Laufende Erhebungen über einzelne Erscheinungen aus dem Waren- und Kapitalmarkt usw.

Bei großem Andrang behält sich der Direktor eine Zweiteilung vor.

(19.) ([A]) Handelswissenschaftliches Seminar . . . . Leitner

I. Privatwirtschaftl. Übungen (Seminar I) — *Di 5-7*

a) Abteilung für Bankkaufleute, } abwechselnd 14tägig
b) Abteilung für Waren- u. Industriekaufleute }

Der Auditorienzettel erscheint vor Beginn des Semesters.

Dozent:

II. Handelswissenschaftliches Seminar (II) für Vorgerückte — *Do 9-10 Vorm.*

Referate über größere privatwirtschaftliche Arbeiten, Diskussionen usw.

(20.) (A) Handelswissenschaftliches Seminar für Vorgerückte — *Fr 10-12* . . . . Hellauer

Kolloquiumweise Erweiterung des Einblickes in Organisation und Technik des Welthandels. Praktische Übungen bezüglich des Betriebes im Welthandel. Anleitung zu wissenschaftlichen Arbeiten; Vorträge und Diskussionen über dieselben.

(21.) (A) Kolloquium über die Organisation und Technik der Exportgeschäfte und das Verhältnis des Exporthandels zur Industrie — *Do 6-7*. . . Hecht

III. Volkswirtschaftslehre und verwandte Fächer.

Vgl. auch Abt. IV. — Wirtschaftsgeschichte vgl. auch Abt. V und IX.

(22.) Allgemeine Nationalökonomie — *Mi, Do 12-2*. Sombart

I. Elemente des Wirtschaftslebens überhaupt: Wirtschaft; Produktion; Verteilung; Konsumtion; Ordnung des Wirtschaftslebens.

II. Das System der heutigen Verkehrswirtschaft: Der Markt und seine Erscheinungen (Geldwesen — Kreditwesen — Preisbildung). — Die Unternehmung. — Der Rythmus der modernen Verkehrswirtschaft (Lehre von der Konjunktur, von Hausse- und Baisseperioden, von Krisen usw.). — Der Verteilungsprozeß (Lehre vom Arbeitslohn, von Kapitalzins, Unternehmergewinn, Grundrente usw.).

(23.) Praktische Nationalökonomie — *Di, Fr 8-10 Vorm.* Jastrow

Historische Entwickelung der Volkswirtschaftspolitik vom Mittelalter bis zur Gegenwart. — 1. Innere Volkswirtschaftspolitik. a) Agrarpolitik; Beseitigung von Entwickelungshindernissen; positive Aufgaben (Besitzverteilung, Betriebsverbesserungen, Versicherung, Kredit, Genossenschaften usw.). — b) Gewerbepolitik: Gewerbefreiheit und Gewerbebeschränkungen; Gewerbeförderung; gewerbliche Arbeiterfrage und Arbeiterschutz. — c) Handelspolitik: Handelsfreiheit und Handelsbeschränkungen; Handelsförderung (Märkte, Messen, Börsen, Handelsgerichte, Handelsschulen, Handelsvertretungen usw.). — 2. Äußere Volkswirtschaftspolitik. („Handelspolitik"): a) Allgemeiner Überblick. — b) Insbesondere Maßregeln zur Beeinflussung der Warenzüge: Einfuhrzölle (Zolltarif, Zollgesetz, Handelsverträge, Zollerleichterungen); Exportprämien.

(24.) Die volkswirtschaftlichen Grundlagen Englands, Frankreichs und Belgiens — *Fr 5-7* . . . Kuczynski

Wirtschaftsgeschichtlicher Überblick. — Natürliche Grundlagen (Gebiet, Klima usw.). — Bevölkerung (soziale und berufliche Gliederung usw.). — Urproduktion (Landwirtschaft, Bergbau). — Industrie. — Handel (Binnenhandel, Außenhandel, Bankwesen, Versicherungswesen). — Verkehr (Eisenbahnen,

(A) vor Übungen = „Aufnahme vorher bei dem Dozenten nachzusuchen".

Dozent:

Schiffahrt, Post usw.). — Unternehmerverbände (Trusts usw.) und Arbeiterverbände. — Lebenshaltung der Bevölkerung.

(25.) Die Grundzüge der modernen Gesellschaft — *Di 8-9 Abends* . . . . Sombart

I. Die Entwickelung der modernen Technik. II. Die Bevölkerung. 1. Die Zunahme der Bevölkerung. 2. Die örtliche Umschichtung der Bevölkerung. 3. Ursprung und Wesen der modernen Stadt. III. Die Gliederung der Bevölkerung nach Beruf und Besitz. IV. Die sozialen Klassen. 1. Begriff und Wesen der sozialen Klasse. 2. Die einzelnen sozialen Klassen.

(26.) Die wichtigsten Streitfragen in der theoretischen Nationalökonomie — *Do 9-10 Vorm.* . . . v. Bortkiewicz

In diesem Semester sollen folgende Fragen erörtert werden: Der objektivistische und der subjektivistische Standpunkt in der Wert- und Preislehre. — Die verschiedenen Auffassungen von der Ursache des Kapitalgewinns mit besonderer Rücksicht auf die Produktivitäts- und die Abzugstheorie. — Die klassische Grundrententheorie und ihre Gegner.

(27.) Staatliche Gewerbeförderung mit besonderer Berücksichtigung des gewerblichen Unterrichtswesens — *Sb 9-10 Vorm.* . . . . . . v. Seefeld

Grundsätzliche Richtung der staatlichen Gewerbeförderung in der Zunftzeit und nach Einführung der Gewerbefreiheit. Übersicht über die staatlichen Maßregeln zur Erleichterung und Sicherung der gewerblichen Produktion und des Verkehrs.

Gewerbliches Schulwesen (Fortbildungsschulen für die männliche und die weibliche Jugend, Fachschulen). Hochschulen (Technische Hochschulen, Bergakademien, Handels-Hochschulen), Gewerbeförderung im engeren Sinne (Meisterkurse, Ausstellungshallen, Genossenschaftswesen).

(28.) Übungen aus den Gebieten der sozialen Statistik — *Do 6-7* . . . . Rahts

In den Übungen sollen an mannigfachen Beispielen die statistischen Methoden entwickelt werden, und zwar sowohl die Methoden der Erhebung oder sonstigen Beschaffung des Urmaterials als auch die Methoden der Prüfung und Bearbeitung des Materials sowie der Darstellung der Ergebnisse. Die Beispiele werden aus den Gebieten der Bevölkerungs-, der wirtschaftlichen und der Arbeiterstatistik gewählt werden. Wenn möglich, sollen in besonderen Fällen von den Zuhörern selbst Zählkarten ausgefüllt, geprüft und bearbeitet werden.

(29.) Bankpolitik — *Mo, Mi 9-10 Vorm.* . . . . . . Hartung

Die Politik der Kreditbanken, insbesondere der deutschen, unter Berücksichtigung wichtiger ausländischer Einrichtungen und Vorgänge. Erörterung der in der deutschen Bankenquete behandelten Fragen.

(30.) Geldmarkt und Kapitalmarkt — *Fr 8-9 Abends* Somary

Die Geldgeber des Geldmarktes: Kreditbanken, Hypothekenbanken, Sparkassen, Privatkapitalien. Die Geldnehmer, der Wechselverkehr auf dem offenen Markt. Die Formen der Effektenleihe. Die Schwankungen des Geldbedarfs nach den Jahreszeiten.

Der Auditorienzettel erscheint vor Beginn des Semesters.

Dozent:

Der Einfluß des staatlichen Geldverkehrs auf den Geldmarkt: Seehandlung und Preußenkasse, public deposits in England, Staatsgelder in New-York, Postsparkasse in Österreich in ihrer Bedeutung für den Geldmarkt.

Die Bildung des Report- und Ultimogeldsatzes; der Satz für tägliches Geld; der Privatsatz; die für die einzelnen Sätze bestimmenden Momente. Verhältnis des freien Geldmarkts zur Notenbank, des Privatsatzes zur Bankrate.

Internationale Beziehungen der Geldmärkte. Die Formen der Gewährung kurzfristiger Darlehen im internationalen Verkehr. Besondere Besprechung des deutschen und amerikanischen Leihgeldverkehrs. Einwirkung der internationalen Beziehungen auf die Wechselkurse. Einflußnahme der Notenbank auf den Geldmarkt. Scheidung zwischen der Inanspruchnahme der Notenbank durch den Zahlungs- und den freien Kreditverkehr.

Der Kapitalmarkt: Die Einkommensteile, welche dem Kapitalmarkt zufließen. Die Anlagen in Immobilien, in Investitionen, in Effekten. Die Zinse des Kapitalmarkts. Die Beziehungen des Geldmarkts zum Kapitalmarkt. Die internationalen Beziehungen der Kapitalmärkte unter besonderer Hervorhebung der Stellung Englands und Frankreichs auf der Gläubiger-, Rußlands und der Union auf der Schuldnerseite. Die Bedeutung der Frage auswärtiger Kapitalanlagen für Deutschland.

(31.) Geld, Bankwesen und Börse — *Fr 9-10 Abends* Somary

Der wirtschaftliche und der juristische Geldbegriff. Der Geldwert. Der Geldbedarf. Die Geldsysteme in den Reichen der Goldwährung: Deutschland, England, Frankreich, Vereinigte Staaten, den Reichen mit Auslandsgoldpolitik (Rußland, Österreich-Ungarn), den Reichen mit geregelter Silberwährung (China, Indien). Die Schwankungen der Valutakurse. Goldverkehr, Schwankungen der Wechselkurse, Erklärung der Devisenarbitrage.

Die Entstehung des Kredits. Die Art der Zusammensetzung der Depositen und Kreditoren der Banken. Der Diskontkredit. Diskontpolitik der Noten- und privaten Kreditbanken. Der Kontokorrent- und Akzeptkredit. Die Art der Deckung der Debitoren. Die für die einzelnen Kreditformen üblichen Bedingungen. Die Bedeutung der Kreditformen für die Liquidität der Bilanzen der Banken. Praktische Beurteilung von Bankbilanzen.

Die Konsortialgeschäfte, Gründung, Umwandlung von Aktiengesellschaften. Emissionstechnik.

Die Bedeutung der Börse für die Angebotskonzentration und für die Preisbildung; die Börsenbewegungen; die Technik des Effektengeschäfts. Besprechung der für die führenden Werte der Berliner Börse maßgebenden Momente an Hand des Kurszettels.

(32.) Russische Staatsfinanzen — *Mo 7-8* . . . . Palme

Allgemeine Einleitung in die Finanzwissenschaft. Die Finanzverwaltung Rußlands im Vergleich zu der Finanzverwaltung anderer europäischer Staaten. Der öffentliche Geldbedarf Rußlands. Klassifikation und Wesen der Staatseinnahmen. Der Staatskredit, insbesondere die auswärtigen Anleihen Rußlands. — Exkurs über das Finanzwesen der Städte und der Semstwoverwaltungen.

(A) vor Übungen = „Aufnahme vorher bei dem Dozenten nachzusuchen".

Dozent:

(33.) ([A]) Wirtschaftspolitische Übungen — *Mi 6-8* . Kriele

Einleitende Vorlesung über: Die geistige Arbeit mit sprachlichem Ausdruck. — Seminaristische Übungen zur gutachtlichen und verwaltenden Tätigkeit der Interessenvertretungen. Feststellung der verschiedenen Interessen und ihrer relativen Bedeutung bei Gesetzen und deren Ausführungsmaßnahmen; Darstellung und Geltendmachung von gefährdeten Interessen. — Den Besprechungen werden in diesem Semester Angelegenheiten der Textilindustrie zu Grunde gelegt.

([A]) Volkswirtschaftliche Übungen. . . . . . Jastrow

(34.) a) Übungen im Volkswirtschaftlichen Seminar, Abteilung I — *Fr 3-5* (14 tägig).

(35.) b) Dasselbe, Abteilung II — *Fr 3-5* (14 tägig).

(36.) c) Kolloquium über wirtschaftliche Tagesfragen, in noch zu bestimmenden Stunden.

Neuanmeldungen finden nur zu a) statt.

(37.) ([A]) Übungen im Volkswirtschaftlichen Seminar — *Mi 4-6* . . . . Sombart

Kolonialwesen.

(Buchhaltung usw. für Kolonialbeamte s. Abt. II. — Ortsbestimmung in Kolonien s. Abt. V.)

(38.) Koloniale Probleme der Gegenwart — *Fr 10-11* Köbner

Die Organisation des Kapitals in den Kolonien: Einzelunternehmungen und Kapitalsassoziationen. Wirtschaftliche Aufgaben und rechtliche Formen der Kolonialgesellschaften. Die Einteilung des Aktienkapitals. — Die Eingeborenen- und Arbeiterfrage in den Kolonien. Grundsätzliche Probleme. Die Eingeborenenpolitik der Spanier und Portugiesen, der Engländer und Franzosen, der Holländer und Belgier. Die Eingeborenenfrage in den deutschen Schutzgebieten. — Das koloniale Bodenproblem: Grundfragen der kolonialen Landpolitik. Die Bodenpolitik der Engländer, Franzosen, Holländer und Belgier. Die Landfrage in den deutschen Schutzgebieten. — Koloniale Verkehrs- und Handelspolitik: Technisches Verkehrswesen, insbesondere Eisenbahnwesen. Koloniales Münz- und Bankwesen. Koloniale Handels- und Zollpolitik. — Koloniales Finanzwesen: Reichszuschüsse und eigene Einnahmen der Kolonien. Steuerpolitik. Arten der kolonialen Ausgaben. Vergleiche mit den englischen, französischen und holländischen Kolonialetats. — Probleme der kolonialen Selbstverwaltung. Englisches, französisches, holländisches System. Die Entwickelung der Selbstverwaltung in den deutschen Kolonien.

(39.) Allgemeine Völkerkunde (mit Lichtbildern) — *Mo 8-9 Abends* . . . . v. Luschan

Ziele und Wege der Völkerkunde. Statistik. Wohnstätten, Herstellung des Feuers. Schmuck, Haartracht. Künstliche Verunstaltungen des menschlichen Körpers. Kleidung.

Dozent:

Waffen. Jagd. Fischfang, Viehzucht und Ackerbau. Genußmittel. Spielzeug, Spiele, Sport, Musik. Handel, Geldsurrogate, Maße und Gewichte. Keramik, Flechten, Weben, Rindenzeug. Bootbau. Metalltechnik. Heimat der Eisentechnik. Politische und soziale Verhältnisse, Rechtspflege. Ehe, Stellung der Frau. Geburt, Tod, Initial-Zeremonien. Religion, Mythologie, Totemismus. Medizin. Zeitrechnung, Astronomie. Geschichte. Zählen und Rechnen. Schrift und Sprache.

(40.) Deutsche Kolonialwirtschaft — *Mi 7-9* . . . Rohrbach

Unsere kolonialpolitischen Anfänge. Die Verwaltung Dr. Stübels. Die Dernburgsche Periode. Kolonialpolitische Grundfragen: Besiedelung, Eingeborenenfrage, Rassenproblem. Das nationalpolitische und das kommerzielle Prinzip. Südwestafrika: Farmwirtschaft, Viehzucht, Mineralvorkommen, Organisation des Exports. Kamerun und Togo: Klimatisch-physikalische Verhältnisse, Plantagenwirtschaft und Volkskultur, Verkehrs- und Verwaltungsfragen. Ostafrika: Natürliche Wirtschaftsbedingungen, Verkehrs- und Entwicklungslinien. Besiedelungsfähigkeit. Eingeborenenkultur. Kiautschou: Wirtschaftliche Entwicklung und kulturpolitische Bedeutung des Platzes. Wirtschaftsgeographische Übersicht der Südseekolonien. Zusammenfassender Überblick über das deutsche Kolonialwesen.

Versicherungslehre.

(41.) Allgemeine Versicherungslehre — *Do 7-9* . . v. Liebig

Die Entstehung und Entwickelung des Versicherungsgedankens. — Die wirtschaftliche Bedeutung der Versicherung — Die verschiedenen Versicherungssysteme. — Die Versicherungstechnik. — Die Versicherungsstatistik. — Die Versicherungsverbände. — Die Rückversicherung.

(42.) Die wichtigsten Versicherungszweige (mit Ausnahme der Lebensversicherung) — *Mo 11-12* Manes

Feuerversicherung, Transportversicherung, Unfallversicherung, Haftpflichtversicherung, Rückversicherung: die geschichtlichen, technischen, rechtlichen und wirtschaftlichen Grundlagen dieser Zweige, ihre Organisation, ihre Bedeutung für Handel und Industrie.

(43.) Lebensversicherung — *Mo 6-7* . . . . . . Manes

Werden und Wesen der Lebensversicherung. Ihre wirtschaftliche und soziale Bedeutung. Ihre Arten, insbesondere Kapital- und Rentenversicherung, Volksversicherung, Pensionsversicherung usw. Technische und rechtliche Grundlagen. Fragen der Organisation. Verhältnis der privaten zur öffentlich-rechtlichen und zur sozialen Lebensversicherung.

(44.) Versicherungspraktikum mit besonderer Berücksichtigung der Lebens- und der privaten Unfall- und Haftpflichtversicherung — *Fr 7-9* (14tägig, beginnend am 26. April) . . . . v. Liebig

Besprechung der allgemeinen Versicherungsbedingungen. — Aufnahme von Versicherungsanträgen. — Beurteilung der Risiken. — Schadenregulierung. — Besprechung von Bilanzen.

(A) vor Übungen = „Aufnahme vorher bei dem Dozenten nachzusuchen".

Dozent:

(45.) Versicherungsübungen (für Anfänger) — *Mo 12-1* Manes

Die Versicherung im Dienste des Kaufmanns. — Praktische Ratschläge für die Nutzanwendung der privaten wie der sozialen Versicherungszweige. — Erörterung einzelner für kaufmännische Angestellte wichtiger Versicherungs-Probleme. — Eventuell Besichtigungen.

(46.) Recht des Versicherungsvertrages — *Mo 7-8* . Hager

Allgemeines. — Übersicht über das Reichsgesetz über den Versicherungsvertrag vom 30. Mai 1908. — Die Arten der Versicherungsverträge. — Grundbegriffe. — Der Abschluß des Vertrages. — Die Prämie. — Anzeigepflicht und Gefahrerhöhung. — Der Versicherungsfall.

(47.) Sozialversicherung unter Berücksichtigung der Pensionsversicherung für Privatangestellte — *Mo 8-9 Abends* . . . . Hager

Übersicht über die Reichsversicherungsordnung- — Allgemeines über die öffentliche Kranken-, Unfall- und Invalidenversicherung. — Der Kreis der versicherten Personen; die Träger der Versicherung; die Aufbringung der Mittel; die Versicherungsleistungen. — Das Versicherungsgesetz für Angestellte.

Genossenschaftslehre.

(48.) Die Organisation der Genossenschaften — *Mi 8-9 Abends* . . . . Crüger

Behandlung der Grundsätze, die für die Organisation der Geschäftsführung sowie die geschäftlichen Einrichtungen der wichtigsten Genossenschaftsarten (Kredit-Genossenschaften, Einkaufs-Genossenschaften, Verwertungs-Genossenschaften) maßgebend sind.

(49.) ([A]) Übungen in Genossenschaftslehre — *Mi 6-8* (14tägig) . . . . Crüger

Verkehrspraktikum.

Vorträge mit ziffermäßigen Erläuterungen und praktischen Übungen.

(50.) Eisenbahn-Verkehrs- und Tarifwesen — *Mi 8-9 Abends* . . . . J. Hoffmann

Geschichtlicher Rückblick auf die Entstehung der deutschen Eisenbahnen. (Privatbahnen, Staatsbahnen, Reichsbahnen.) Die Betriebsmittel der Eisenbahnen (Staatsbahn-Wagenverband pp.). Organisation der deutschen Eisenbahnverwaltungen. — Das deutsche Eisenbahn-Gütertarifsystem, seine Entstehung und Fortbildung bis in die neueste Zeit (formelle Einheit). — Ständige Tarifkommission, Ausschuß der Verkehrsinteressenten. — Ziffermäßige Gestaltung der Gütertarife, regelrechte Kilometertarife, Stationstarife, Schnittarife, Staffeltarife (materielle Einheit). — Ausnahmetarife, Differentialtarife. — Landeseisenbahnrat, Bezirkseisenbahnräte. — Die wichtigeren Bestimmungen der Eisenbahnverkehrsordnung über die Beförderung von Gütern. Im Anschluß hieran die

Dozent:

für den Eisenbahnverkehr in Betracht kommenden wichtigeren zoll- und steuergesetzlichen Bestimmungen, sowie die im Verwaltungswege hierzu erlassenen Vorschriften (Deklaration, Begleitschein I, Begleitschein II, Ladungsverzeichnis, Übergangsschein, An- und Abmeldung zu und von den Niederlagen, Zollbefreiungen, Zollerleichterungen usw.). — Eisenbahngeographie. Der deutsche Eisenbahngütertarif (Teil I). — Die deutschen allgemeinen Tarifvorschriften nebst Güterklassifikation. — Die deutschen Binnen- und Verbandstarife und ihre praktische Anwendung. — Frachtberechnung, Nebengebühren, Frachtzuschläge. — Frachturkundenstempel. — Internationales Übereinkommen über den Eisenbahnfrachtverkehr. — Direkte beziehungsweise Verbandsgütertarife für den Verkehr zwischen deutschen und ausländischen Stationen. — Kombinierte Eisenbahn-Schiffstarife usw.

IV. Rechtswissenschaft.

(Versicherungsrecht, Kolonialrecht, Genossenschaftsrecht s. Abt. III.)

(51.) Bürgerliches Recht — *Di, Fr 8-10 Vorm.* . . . Heilfron

1. Allgemeine Lehren: Natürliche und juristische Personen. Geschäftsfähigkeit. Vertragsschluß. Verjährung.

2. Recht der Schuldverhältnisse: Inhalt, Begründung, Erlöschen, Übertragung. Einzelne Schuldverhältnisse, insbesondere Kauf, Schenkung, Miete, Darlehn, Dienst- und Werkvertrag, Auftrag, Verwahrung, Bürgschaft. Haftung aus unerlaubten Handlungen.

3. Grundzüge des Sachen-, Familien- und Erbrechts: Grundbuchwesen (unter Benutzung der amtlichen Formulare), Ehegüterrecht, Rechtsverhältnis zwischen Eltern und Kindern, Vormundschaftswesen, Erbfolge, Erbenhaftung. Erbteilung, Testamentserrichtung.

(52.) Wechselrecht — *Di 7-8* . . . . Meyer

Geschichte des Wechsels. — Wechseltheorien. — Deutsche Wechselordnung. — Ausländische Wechselrechte, ihre Grundzüge und wesentlichen Abweichungen vom deutschen Recht. — Internationales Wechselrecht. — Weltwechselrecht. — Wirtschaftliche Bedeutung des Wechsels.

(53.) Das Recht der Order- und Inhaberpapiere im Weltverkehr — *Di 8-9 Abends* . . . . . Meyer

Kaufmännische Anweisungen, Konnossemente, Lagerscheine, Wechsel und Schecks.

(54.) Handelsrecht — *Mo, Mi, Sb 10-11* . . . . . Eltzbacher

1. Rechte und Pflichten der Kaufleute. Registerpflichten. — Pflicht zur Buchführung, Inventur und Bilanz. — Schutz der Firma. — Schutz der Warenzeichen. — Schutz gegen unlauteren Wettbewerb.

2. Der Kaufmann und seine Mitarbeiter. Rechtsstellung des Prokuristen, des Reisenden, des Verkäufers, des Buchhalters und der sonstigen Handlungsgehilfen. — Rechtsstellung des Handlungslehrlings. — Rechtsstellung des Agenten und des Maklers. — Rechtsstellung des Kommissionärs und des Spediteurs.

(A) vor Übungen = „Aufnahme vorher bei dem Dozenten nachzusuchen".

Dozent:

3. Die kaufmännischen Vereinigungen. Offene Handelsgesellschaft. — Kommanditgesellschaft. — Aktiengesellschaft. — Gesellschaft mit beschränkter Haftung. — Stille Gesellschaft.

4. Die Geschäfte des Kaufmanns. Kauf. — Frachtgeschäft. — Lagergeschäft. — Bank- und Börsengeschäfte.

(55.) Warenzeichenrecht — *Fr 6-7* . . . . . . Osterrieth

Warenzeichenrecht. — Geschichte; Zweck und Wesen; Verhältnis zum Wettbewerbsrecht; der Inhalt des deutschen Warenzeichengesetzes; rechtsvergleichende Übersicht.

(56.) Speditionsrecht — *Do 7-8* . . . . Eger

Allgemeiner Teil: Einleitung. — Begriffsbestimmung. — Abschluß des Speditionsvertrages.

Besonderer Teil: Pflichten und Rechte des Spediteurs.

(57). Zivilprozeß — *Mi 7-8* . . . . Heilfron

1. Gerichtsverfassung.
   a) Ordentliche Gerichte: Organisation und Instanzenzug. Staatsanwaltschaft. Zustellungs- und Vollstreckungswesen. Rechtshilfe. Offentlichkeit. Gerichtsferien.
   b) Kaufmanns- und Gewerbegerichte.
2. Zivilprozeßverfahren.
   a) Ordentliche Gerichte: Das Verfahren nach der Novelle vom 1. Juni 1909, insbesondere bei dem Amtsgericht.
   b) Das Verfahren bei den Kaufmanns- und Gewerbegerichten.
3. Anleitung zur Prozeßpraxis.
   a) Besuch der Prozeßabteilung des Dozenten.
   b) Durchführung eines Amtsgerichtsprozesses unter Zugrundelegung der amtlichen Formulare.

(58.) Konkursrecht — *Sb 11-12* . . . . Eltzbacher

1. Was gehört zu der den Gläubigern haftenden Masse? — Inwieweit muß man die vor Ausbruch des Konkurses mit dem Gemeinschuldner geschlossenen Verträge erfüllen? — Inwieweit hat man Leistungen, die man vor Ausbruch des Konkurses vom Gemeinschuldner empfangen hat, zurückzugewähren? — Was für Gläubiger haben Anspruch auf Befriedigung aus der Masse?

2. Eröffnung des Verfahrens. — Verwaltung und Verwertung der Masse. — Feststellung der anteilsberechtigten Forderungen. — Verteilung der Masse unter die Gläubiger. — Zwangsvergleich. — Strafbarer Bankerott.

(59.) Verwaltungsrecht — *Mo 11-1* . . . . Preuß

Staat und Gesellschaft. — Das verfassungsmäßige Verwaltungsrecht. — Die Selbstverwaltung. — Das Amtsrecht. — Die Entwickelung der preußischen Verwaltungsorganisation. — Die heutige Organisation der preußischen Verwaltung. — Die Organisation der Reichsverwaltung. — Die Gebiete der Verwaltung. — Die innere Verwaltung und die Polizei. — Die Rechtskontrollen der Verwaltung und die Verwaltungsgerichtsbarkeit.

Der Auditorienzettel erscheint vor Beginn des Semesters.

Dozent:

(60.) Völkerrecht — *Mo, Sb 10-11* . . . . Preuß

Das Problem des Völkerrechts. — Völkerrecht und Wirtschaftsleben. — Ihre Entwickelung. — Die Quellen des Völkerrechts. — Subjekte des Völkerrechts. — Die Staaten als Glieder der internationalen Gemeinschaft. — Der völkerrechtliche Staatenverkehr. — Seine Organe. — Die Rechtsgeschäfte des internationalen Staatenverkehrs. — Anfänge internationaler Organisation. — Die Staatenstreitigkeiten und das Völkerrecht. — Internationale Rechtsprechung. — Das Kriegsrecht.

(61.) Jurisprudenz des täglichen Lebens — *Do 12-1* . Eltzbacher

Das öffentliche Leben in Staat und Gemeinde.

(62.) Übungen im Handelsrecht — *Do 10-11* . . . Eltzbacher

Erörterung von Rechtsfällen aus dem Geschäftsleben. Entwerfen von Geschäftsbriefen in Rechtsangelegenheiten.

(63.) (*A*) Juristische Übungen für Vorgerückte — *Di 10-12* . . . . Eltzbacher

Schriftliche Bearbeitung sowie Besprechung kaufmännischer Rechtsfälle aus dem bürgerlichen Recht, Handelsrecht, Zivilprozeß- und Konkursrecht.

(64.) (*A*) Juristisches Seminar — *Mi 4-6* . . . . . Eltzbacher

Anleitung zur wissenschaftlichen Behandlung von Fragen des Rechts und der Politik.

(65.) (*A*) Übungen im öffentlichen Recht und in Finanzwissenschaft — *Sb 11-1* . . . . . Preuß

V. Wirtschaftsgeographie und Wirtschaftsgeschichte.

(Kolonien: s. Abt. III. — Zur Wirtschaftsgeschichte überhaupt vgl. Abt. III u. IX.)

(66.) Allgemeine Wirtschaftsgeographie — *Di, Fr, Sb 12-1* . . . . Tiessen

Einleitung: Begriff und Gliederung der Wirtschaftsgeographie. Wesen und Umfang der Allgemeinen Wirtschaftsgeographie. Rückblick auf ihre allgemein-geographischen Grundlagen, insbesondere: Stellung der Siedlungskunde zur Wirtschaftsgeographie. Beziehungen des Menschen zur Erdoberfläche: Entstehung der Produktion; Beziehungen der Menschen unter einander, auf Grund der Produktion: Entstehung von Handel und Verkehr.

I. Allgemeine Produktionsgeographie. Die nutzbaren Mineralien: Bedingungen ihres Vorkommens und ihrer Ausnutzung. — Die Nutzpflanzen: Abhängigkeit von Boden und Klima; verschiedene Klassen und ihre geographische Verbreitung; ihre Beeinflussung und Verwertung durch den Menschen. — Die Nutztiere: Nutzen und Benutzung frei lebender Tiere. Die Haustiere: ihre Entwickelungsgeschichte, die natürlichen Bedingungen ihrer geographischen Verbreitung; ihre Beeinflussung und Verwertung durch den Menschen. — Natürliche Hindernisse der Produktion nach geographischer Betrachtung.

(A) vor Übungen = „Aufnahme vorher bei dem Dozenten nachzusuchen"

Dozent:

II. Allgemeine Handelsgeographie. Entwickelung des Handels aus den Wechselbeziehungen der Erdbewohner und ihrer Produktionswirtschaft; Stufen des Fortschritts. Die Gegenstände des Handels: Rohstoffe und Verarbeitungserzeugnisse. Die Hilfsmittel des Handels nach geographischen Gesichtspunkten. Verhältnis und gegenseitige Beeinflussung von Handel und Verkehr.

(67.) Geographie des Weltverkehrs — *Mo 11-1* . . Wegener

Allgemeiner Teil. Die allgemeinen geographischen Grundlagen des Weltverkehrs.

a) Das Geographische im Begriff des Verkehrs,
b) die verkehrheischenden, verkehrfördernden, verkehrhemmenden Eigenschaften der Lithosphäre,
c) der Hydrosphäre,
d) der Atmosphäre (bes. Klima),
e) der Naturkräfte (Gravitation, Erdmagnetismus, Elektrizität usw.),
f) der Pflanzen- und Tierwelt,
g) der Menschenwelt. (Verteilung, Kulturstufen, Produktion und Konsumption),
h) die Formen des Verkehrs (Güter-, Personen-, Nachrichtenaustausch),
i) die Verkehrsmittel (in historischer Entwickelung).

Spezieller Teil. Länderkunde des Weltverkehrs.

A) Der Verkehr Europas: α) im Innern, β) nach außen. 1. Auf Landwegen, 2. auf Wasserwegen, 3. auf Luftwegen, 4. auf elektrischen und sonstigen Wegen.

Ebenso:

B) Der Verkehr Asiens,
C) Amerikas,
D) Afrikas,
E) Australiens und Ozeaniens,
F) der Polargebiete.

Zusammenfassung und Ausblick.

(68.) China und seine jüngste Entwickelung — *Di 8-9 Abends* . . . . Wegener

Chinas Landesnatur, seine natürlichen Hülfsquellen, der Charakter und Werdegang seines Volkes und seiner Kultur, als Grundlage zum Verständnis der gegenwärtigen Vorgänge. — Ursachen und Verlauf der chinesischen Revolution. — Die Tragweite der ostasiatischen Fragen für Weltpolitik und Weltwirtschaft. (Mit Lichtbildern.)

(69.) (*A*) Geographische Übungen — *Fr 6-7* . . . Tiessen

(70.) Geographische Ortsbestimmung bei Land- und Seereisen, sowie bei Luftfahrten, unter besonderer Berücksichtigung kolonialer Aufgaben — *Mo 7-8* . . . . Marcuse

Grundbegriffe der astronomischen Geographie, Nautik und Aeronautik. — Instrumente und rechnerische Hilfsmittel zur geographischen Ortsbestimmung am Lande, auf See und im Luftfahrzeug. — Methoden zur Ermittelung von Zeit, geographischer Breite und Länge, sowie des Azimuts auf Reisen. — Astronomisch - geographische Beobachtungen in den Kolonien.

Dozent:

(71.) Luftschiffahrt: Allgemeine Darstellung ihrer wissenschaftlichen und technischen Grundlagen (mit Lichtbildern) — *Fr 6-7* . . . . Marcuse

Geschichte der Luftfahrt. — Definition des Fliegens, des Auftriebs und Vortriebs in der Luft. — Maßgebende Industriezweige für die Aeronautik. — Wissenschaftliche Grundlagen der Luftfahrt: Physik der Atmosphäre, Luftgewicht, Auftrieb und Bremswirkung der Luft, Winde und Strömungen; Theorie des Ballonfahrens. — Technische Grundlagen der Luftfahrt: Aerostatischer Flug mittels Ballons, Freiballon und Lenkballon; Ballonstoffe, Gondeln, Motoren, Luftschrauben; starres, halbstarres und unstarres System von Lenkluftschiffen. — Aerodynamischer Flug mit Flugmaschinen: Gleit-, Drachen-, Schrauben- und Schwingenflieger. — Nutzanwendung der Luftfahrzeuge: wissenschaftliche, militärische und sportliche Luftfahrt, verkehrstechnische Zukunft der Luftfahrt.

(72.) (*A*) Übungen für geographische Ortsbestimmung und Vermessung auf der astronomischen Station der Handels-Hochschule im Anschluß an die Vorlesung über Ortsbestimmung — *Mo 8-9 Abends* . . . . Marcuse

Handhabung der zeit- und winkelmessenden Instrumente. — Orts- und Zeitbestimmungen. — Vermessungen.

(73.) Geschichte des deutschen Handels — *Di 7-8* . Hoeniger

Die Anfänge des Handels auf deutschem Boden. Fremde Einflüsse. Erste Organisation eines deutschen Handelsstandes im Gildewesen. Aufsteigende Entwickelung seit der Epoche der Kreuzzüge. Die Hansa. Ungünstige Veränderungen seit dem Zeitalter der Entdeckungen. Wirtschaftlicher Niedergang im 16. und 17. Jahrhundert. Ansätze einer Besserung unter der Herrschaft des Merkantilismus. Einwirkungen der Revolutionsepoche auf das deutsche Wirtschaftsleben; innerpolitische Umgestaltungen und Kontinentalsperre. Der deutsche Zollverein und seine nationale Bedeutung. Verkehrsentwickelung bis zur Begründung des neuen Deutschen Reiches.

VI. Reine und angewandte Naturwissenschaften, Warenkunde, Technologie.

(74.) Mechanische Technologie — *Sb 11-12* . . . . Martens

1. Die wichtigsten Metalle und Hölzer (Gewinnung, Preis, Verbrauch, Eigenschaften); 2. Formgebung in flüssigem Zustande (Gießereitechnik); 3. Formgebung in plastischem Zustande (Schmieden, Nieten, Walzen, Drücken, Ziehen); 4. Formgebung durch Sägen, Feilen, Drehen, Fräsen, Hobeln, Bohren; 5. Zusammenfügen von Oberflächen (Schweißen, Löten, Leimen); 6. Veränderungen der Oberfläche (Schleifen, Polieren, Anstreichen, Verbleien, Verzinnen, Vernickeln, Verzinken); 7. Kabelspinnerei; 8. Optische Schleiferei; 9. Technische Organisation einer Fabrik (Anordnung der einzelnen Werkstätten, Transportmittel, Kraftzentrale, Konstruktionsbureau, Direktion).

(A) vor Übungen = „Aufnahme vorher bei dem Dozenten nachzusuchen".

Dozent:

(75.) Physikalische Grundlagen der Elektrotechnik — *Di 1-2, Fr 12-2* . . . . Martens

1. Remanenter Magnetismus (Stahlmagnete, Erdfeld, Schiffskompaß). 2. Ruhende und bewegte Elektrizitätsmengen. 3. Durchgang der Elektrizität durch metallische Leiter (Widerstand von Metallen, elektrische Messungen, Wärme und Lichtwirkung des Stromes, Thermoelektrizität). 4. Durchgang der Elektrizität durch Elektrolyte (Metallüberzüge, Metallgewinnung, Galvanische Elemente, Akkumulatoren). 5. Magnetfeld eines Stromes. 6. Elektromagnetische Induktion. 7. Ferromagnetische Substanzen insbesondere Eisen. 8. Dynamomaschinen (Generatoren und Motoren für Gleich-, Wechsel- und Drehstrom). 9. Elektrische Apparate (Klingel, Telephon und Mikrophon, Telegraphenapparate). 10. Eigenschaften des Wechselstromes (Transformation, Kraftübertragung). 11. Elektrische Schwingungskreise (Entladung von Kondensatoren, Blitz, Funken). 12. Elektrische Wellen (drahtlose Telegraphie und Telephonie, Hertzsche Sender, Natur des Lichtes). 13. Durchgang der Elektrizität durch Gase (Luftelektrizität, leitende Gase, verdünnte Gase, Röntgenstrahlen, Radium). 14. Übersicht über die wichtigsten optischen Erscheinungen.

(76.) Technische Ausflüge — *Mi 2-5* . . . . . . Martens

Geplant ist der Besuch: des Königlichen Materialprüfungsamtes, einer Eisengießerei, einer Werkzeugmaschinenfabrik, eines Kabelwerkes, einer Verzinkungsanstalt, einer optischen Fabrik, einer großen Maschinenfabrik, eines Bergwerkes, einer Klavierfabrik, einer Glühlampenfabrik, einer Dynamomaschinenbauanstalt.

(77.) Kleines physikalisch-technisches Praktikum — *Do oder Sb 3-6* . . . . Martens

Dieselben Aufgaben wie im mittleren Praktikum; Verzeichnisse der Aufgaben sind im Sekretariat erhältlich.

(78.) Mittleres physikalisch-technisches Praktikum — *Do, Sb 3-6* . . . . Martens

Messungen aus allen Gebieten der angewandten Physik (Zweck: Einprägung der Erscheinungen und Gesetze, Erlernung der wichtigsten Maßbezeichnungen, Aneignung sicheren Rechnens); Übungen im Zeichnen einfacher Maschinenteile.

(79.) (A) Großes physikalisches Praktikum — *täglich von 9-6* . . . . Martens

Anfertigung selbständiger wissenschaftlicher Arbeiten.

(80.) Organische Chemie (mit Experimenten) — *Do 4-6* Binz

I. Stoffe mit offener Kohlenstoffkette. Gesättigte und ungesättigte Kohlenwasserstoffe, Erdöl und Acetylen. — Die Alkohole. — Begriff der Homologie und Isomerie. — Äther, Ester, Merkaptane. — Aldehyde und Ketone. — Essigsäure und ihre Homologen. Chemie der Fette. — Blausäure, Kohlensäure. — Harnsäure, Koffeingruppe. — Weinsäure, Zitronensäure. — Zuckerarten, Stärke, Cellulose.

Der Auditorienzettel erscheint vor Beginn des Semesters.

Dozent:

II. Stoffe mit geschlossener Kohlenstoffkette. Benzoltheorie. — Anilin und seine Derivate. — Die Azokörper. — Phenole und Chinone. — Aromatische Alkohole, Aldehyde und Säuren. — Die Gruppen des Naphtalins, Anthracens und Indigos. — Terpene und ätherische Öle.

Das Kolleg dient zur Vorbereitung für „Chemische Technologie und Warenkunde organischer Stoffe" im Winter-Semester.

(81.) Chemische Technologie und chemische Warenkunde anorganischer Stoffe (mit Experimenten) — *Mo 4-6* . . . . Binz

Die Industrie des Glases. — Keramik: Ziegel, Fayence, Steingut, Steinzeug, Porzellan. — Kalk, Mörtel, Zement. — Ultramarin. — Industrie des Schwefels: Rohschwefel und Pyrit. Die Schwefelsäureindustrie. — Technik der schwefligen und hydroschwefligen Säure. — Das Kochsalz. — Sodafabrikation. — Salzsäure, Chlorkalk, Chlorate, Ätznatron. Kampf der Verfahren von Leblanc und von Solvay. — Elektrolytische Verfahren. — Die Pottasche; Gewinnung aus Holz, Rübenmelasse, Wollschweiß. — Die Staßfurter Kalisalze. Brom. — Die künstlichen Düngemittel. — Chilisalpeter, Luftsalpeter. — Industrie der Kälteerzeugung. — Phosphor und Zündhölzer. — Die wichtigsten metallurgischen Verfahren.

(82.) Kohle und Eisen (mit Experimenten) — *Fr 7-8* Binz

Theorie der Entstehung von Torf, Braunkohle und Steinkohle. Die Holzkohle. Graphit und die Bleistiftindustrie. — Technik der Wärmeerzeugung. Generatorgas. — Koks. Die Geschichte der Steinkohlenindustrie und des Hochofens. — Gußeisen, Schmiedeeisen, Stahl. — Entwicklung der Eisenindustrie durch die Erfindungen von Huntsman, Cort, Bessemer, Martin, Thomas und Gilchrist. — Die Braunkohle und ihre Verwendungen. — Die Destillation der Steinkohle. Die Gasbeleuchtung. — Ammoniak aus Steinkohle. — Verwendung in der Industrie des Kunstdüngers und in der Eisfabrikation. — Ammoniaksoda. — Steinkohlenteer und Teerfarben.

(83.) (*A*) Dreistündiges chemisches Praktikum — *in beliebigen Stunden, täglich, innerhalb der Zeit von 10-1 und 3-6, mit Ausnahme von Mi und Sb Nachm.* . . . . Binz

Anfängerübungen. Qualitative und quantitative Analyse. Anorganische und organische Präparate und Synthesen. Experimentelle Einführung in technische Verfahren und technische Untersuchungsmethoden, je nach der chemischen Vorbildung und den speziellen Bedürfnissen der Teilnehmer.

(84.) (*A*) Sechsstündiges chemisches Praktikum — *in beliebigen Stunden, täglich, innerhalb der Zeit von 10-1 und 3-6, mit Ausnahme von Mi und Sb Nachm.* . . . . Binz

Der Lehrstoff ist derselbe wie beim dreistündigen Praktikum und wird in der entsprechend kürzeren Zeit erledigt.

(A) vor Übungen = „Aufnahme vorher bei dem Dozenten nachzusuchen".

VII. Sprachen.

Der praktischen Erlernung des mündlichen und schriftlichen Gebrauchs fremder Sprachen, einschließlich der fremdsprachlichen Handelskorrespondenz, dient das »*Handels-Hochschul-Seminar für fremde Sprachen*«.

Für das Sommer-Semester 1912 werden im Spanischen *Unter-*, *Mittel-* und *Ober*kurse, im Italienischen und Russischen *Unter-* und *Mittel*kurse, im Englischen und Französischen *Mittel-* und *Ober*kurse eingerichtet. In den beiden letzten Fächern, zu denen nur immatrikulierte Studierende zugelassen werden, setzen die *Mittelkurse* die vorhandenen (nicht bloß einmal vorhanden gewesenen) Vorkenntnisse voraus, die auf deutschen Realanstalten bei der Versetzung nach Obersekunda verlangt werden, während die *Oberkurse* für Fortgeschrittene bestimmt sind.

Für solche Studierende, die bereits eine ausreichende Kenntnis der englischen oder der französischen Sprache besitzen und lediglich in Übung zu bleiben wünschen, werden besondere »*Einstündige Kurse für Fortgeschrittene*« eingerichtet. Eine notwendige Ergänzung zu dem unter steter Beziehung auf das moderne Kulturleben erteilten Sprachunterricht bilden die in Abschnitt IX u. a. verzeichneten *Vorlesungen* aus dem Gebiet des englischen, französischen und russischen Geistes- und Wirtschaftslebens.

Die Unterrichtssprache ist soweit als möglich die fremde Sprache. Im Interesse einer gründlichen Ausbildung des einzelnen ist die Zahl der Teilnehmer an den Kursen beschränkt und die Zulassung zu den Mittel- und Oberkursen von dem Bestehen einer mündlichen und schriftlichen Aufnahmeprüfung abhängig.

Anmeldungen für das Seminar sind sofort am Anfang des Semesters gemäß den am schwarzen Brett gegebenen Anweisungen zu machen. Es wird dringend darauf hingewiesen, daß im Interesse des Unterrichts Meldungen nach dem 4. Mai keinen Anspruch auf Berücksichtigung haben.

Studierende, die Kurse in anderen europäischen Sprachen (portugiesisch, dänisch, schwedisch, holländisch usw.) zu nehmen oder eine Ausbildung in außereuropäischen Sprachen (japanisch, chinesisch, persisch, suaheli usw.) zu erlangen wünschen, werden ersucht, sich gleich zu Beginn des Semesters an den Direktor des

Seminars, Dr. Spies, zu wenden. Bei ausreichender Beteiligung aus den Kreisen der Studierenden wird der gewünschte Kursus eingerichtet.

Die Kurse werden wie folgt abgehalten:

Englisch.

(85.) Mittelkursus I: Hart *Mo, Do 2-4.*
(86.) „ II: „ *Di, Fr 2-4.*
(87.) „ III: „ *Di, Fr 4-6.*
(88.) „ Neuendorff *Di, Fr 4-6.*
(89.) Oberkursus: Brandenburg *Di, Do 3-5.*
(90.) „ Hart *Mo, Do 4-6.*
(91.) „ Spies *Mi 4-6, Fr 2-3½ präzise.*
(92.) Einstündiger Kursus für Fortgeschrittene: Brandenburg *Mi 6-7.*
(93.) Englische Aussprache-Übungen in noch zu bestimmenden Stunden (nur für Teilnehmer der Vorlesung „Englische Phonetik", siehe Nr. 118): Spies.

Französisch.

(94.) Mittelkursus: Francillon *Mo, Do 4-6.*
(95.) „ Maillet *Mo, Do 3-5.*
(96.) Oberkursus: Maillet *Di, Fr 3-5.*
(97.) Mittelkursus: Puy-Fourcat *Mo, Do 4-6.*
(98.) Oberkursus: Puy-Fourcat *Di, Fr 3-5.*
(99.) „ Schmidt *Mo, Do 4-6.*
(100.) Einstündiger Kursus für Fortgeschrittene: Maillet *Mi 3-4.*

Russisch.

(101.) Unterkursus: Palme *Mo, Do 4-6.*
(102.) Mittelkursus: Boehme *Di, Fr 4-6.*
(103.) Russische Lektüre: Boehme *Mi 4-6.*

Spanisch.

(104.) Unterkursus: de Palacios *Mo, Do 4-6.*
(105.) Mittelkursus: de Mugica *Mo, Do 5-7.*
(106.) Oberkursus: de Mugica *Di 5-7, Fr 6-8.*

Italienisch.

(107.) Unterkursus: Stoppani *Mo, Do 4-6.*
(108.) Mittelkursus: Stoppani *Di, Fr 4-6.*

(109.) Deutsche Sprachkurse für Ausländer.

Von den die Handels-Hochschule besuchenden Ausländern wird vorausgesetzt, daß sie eine Kenntnis der deutschen Sprache besitzen, die sie befähigt, an den Vorlesungen und Übungen teilzunehmen. Damit ihnen jedoch Gelegenheit gegeben werde, ihren Aufenthalt in Deutschland zur weiteren Vervollkommnung im Gebrauch der deutschen Sprache zu benutzen, werden Übungen im mündlichen und schriftlichen Gebrauch der deutschen Sprache abgehalten mit besonderer Rücksicht auf kaufmännische Verhältnisse:

Grammatische und stilistische Übungen. Sprechübungen über deutsche Landes- und Volkskunde, deutsches Geistes- und Wirtschaftsleben, deutsche Einrichtungen im Vergleich zu ausländischen. Schriftliche Nacherzählungen von eben Gehörtem oder Beobachtetem. Pflege der kaufmännischen Korrespondenz. Lektüre ausgewählter Abschnitte aus modernen Schriftstellern nach Paszkowski, Lesebuch zur Einführung in die Kenntnis Deutschlands und seines geistigen Lebens. 5. Auflage. Berlin, Weidmann 1911.

Paszkowski *Mo, Do $8^1/_2$ (pünktlich) bis 10 Vorm. (ohne Pause).*

VIII. Theorie und Praxis des kaufmännischen Unterrichts, Pädagogik.

Dozent:

(110.) Methodik des kaufmännischen Unterrichts — *Sb 10-11* . . . . Kühne

Die Methoden des allgemein bildenden und des fachlichen Unterrichts. Die einzelnen Unterrichtsfächer: Handelskunde, Handelsbriefwechsel, kaufmännisches Rechnen, Buchführung, Wirtschaftsgeographie, Bürgerkunde. Die manuellen Fächer. Sprachen. Konzentration und Kombination der Lehrfächer.

— Staatliche Gewerbeförderung mit besonderer Berücksichtigung des gewerblichen Unterrichtswesens — *Sb 9-10 Vorm.* (Inhaltsangabe siehe Seite 17) . . . . v. Seefeld

(111.) (^{4}) Seminar für Handelslehrer I — *Sb 11-1* (14tägig) . . . . Kühne

Besprechung über Fragen des kaufmännischen Unterrichts, besonders über die Lehr- und Lernmittel der kaufmännischen Fortbildungsschulen, im Anschluß an Berichte der Mitglieder.

Der Auditorienzettel erscheint vor Beginn des Semesters.

Dozent:

(112.) (A) Seminar für Handelslehrer II . . . . Kühne

Hospitieren in kaufmännischen Schulen. Muster- und Probelektionen. Pädagogische Besprechungen. Praktische Lehrtätigkeit der Mitglieder.

An näher zu bestimmenden Tagen und Stunden.

IX. Allgemeine wissenschaftliche Ausbildung.

(113.) Das Weltbild der modernen Naturwissenschaft — *Do 7-8* . . . . Frischeisen-Köhler

Antike und mittelalterliche Weltauffassung. Die Entstehung der mathematischen Naturwissenschaft und ihre Prinzipien. Die Hauptformen der mechanischen Naturauffassung. Das organische Leben und die Entwickelungslehre. Stellung des Menschen zur Natur. Verhältnis des modernen Weltbildes zu Philosophie und Religion.

(114.) Über Lesen und Bildung — *Do 6-7* . . . . Herrmann

Über den Begriff der Bildung. Bildung durch Schule, Leben, Lesen. — Lesen zur Vermehrung der Fachkenntnisse, zur Erweiterung der Bildung, zum Zweck künstlerischen Genusses, zur Unterhaltung. — Das Buch eine Welt, eine Seele, ein Kunstwerk. — Die Persönlichkeit des Lesers. Lesezeit und Lesestimmung. Lieblingsbücher. — Was sollen wir lesen? Die „Klassiker" (Sämtliche Werke, Ausgewählte Werke?) Das Allerneuste? Die literarische Kritik als Ratgeberin des Lesers. Zeitschriften und Zeitungen. Übersetzungen. Jugendlektüre. — Vorlesen und Zuhören. Dramenlektüre und Theaterbesuch. Illustrierte Bücher. — Bücherleihen, Bücherkaufen. Die Anlage der Privatbibliothek. — Auszüge und kritische Notizen. — Behalten und Vergessen.

(115.) Die Kunst der romanischen Länder vom XVI. bis XVIII. Jahrhundert (mit Lichtbildern) — *Di 6-7* . . . . Justi

Die „klassische Kunst" Italiens: Lionardo, Raffael, Michelangelo. — Die venezianische Malerei: Giorgione, Tizian, Tintoretto. — Die Akademiker und die Naturalisten. — Der italienische Barock in Architektur, Plastik und Malerei. — Die französische Kunst im XVII. und XVIII. Jahrhundert. — Die spanische Malerei: Greco, Velazquez, Goya.

(116.) Kunstgewerbe und Architektur im Weltbilde der Gegenwart (mit Lichtbildern) — *Mo 7-8* . . Muthesius

Die kunstgewerblich-architektonische Bewegung nach 1895. Das krampfhafte Streben nach dem „neuen Stil". Jugendstil. Abklärungen. Heutige Ziele: Qualität und geistiger Gehalt. Die Strömungen in der heutigen Architektur. Deutschlands Stellung in der Entwicklung neuer Ausdrucksformen. England, Frankreich, Amerika. Ausblicke.

(117.) Modern England (with lantern-slides) — *Do 8-9 Abends* . . . . Spies

A retrospect of Edward VII. reign. — Modern England and modern Germany — a comparison in general. — Race, nation,

(A) vor Übungen = „Aufnahme vorher bei dem Dozenten nachzusuchen".

Dozent:

and language. — Travel, traffic, and stay in England (with special hints for students). — Public life and education (schools and universities), together with a survey of the church, the religious bodies, and social efforts. — Questions of the day (especially new laws and bills).

(118.) Englische Phonetik (mit Demonstrationen und praktischen Übungen) — *Fr 12-1* . . . . Spies

Stellung der Phonetik in der Wissenschaft. — Bedeutung für die praktische Spracherlernung. — Schwierigkeiten des Deutschen bei Erlernung der englischen Aussprache und ihre Gründe. — Orthographie und Aussprache im Englischen. — Die Sprachorgane. — Die Sprachlaute im allgemeinen. Die englischen Sprachlaute im besonderen. — Artikulationsbasis und Lautverbindungen. — Satzakzent und Sprachmelodie. — Praktische Übungen.

(119.) Le théâtre en France depuis 1880 — *Fr 7-8* . Haguenin

Les essais de théâtre naturaliste. Henry Becque. — Le théâtre libre. — François de Curel, Brieux, Paul Hervieu, Emile Fabre etc. — Le „théâtre rosse". Georges Ancey. — La comédie: Maurice Donnay, Alfred Capus, Tristan Bernard, Courteline etc.

X. Fertigkeiten.

Stenographie (System Stolze-Schrey) . . . . Coprian

(120.) Unterkursus — *Di 3-5.*

(121.) Oberkursus — *Fr 3-5.*

Diktatübungen und Debattenschrift.

XI. Studienreise.

Nach Schluß des Sommer-Semesters wird unter Führung von Professor Dr. Martens und Dr. Tiessen eine Studienreise im Ostseegebiet stattfinden. Als Reiseweg ist in Aussicht genommen:

Hamburg — Kaiser Wilhelm-Kanal — Kiel — Kopenhagen — Göteborg — Trollhättan (Kraftwerke) — Göta-Kanal — Stockholm (Upsala) — Luleå (Ofotenbahn, Eisenwerke von Gellivara) — Helsingfors — Wiborg (Imatra) — St. Petersburg — Riga — Stettin.

Die Reise soll hauptsächlich zum Studium der Hafenanlagen, des Schiffahrtsverkehrs und der Handelsverhältnisse der Ostseeländer, sowie der wichtigsten industriellen Anlagen Schwedens benutzt werden. Dauer drei Wochen.

Der Auditorienzettel erscheint vor Beginn des Semesters.

D.

Stunden-Übersicht

für das

Sommer-Semester 1912.

Der **Auditorienzettel** erscheint vor Beginn des Semesters.

D. Stunden-Übersicht

Stunde	Montag	Dienstag	Mittwoch
8—9	***Passkowski,*** *Deutsch f. Ausländer*	**Jastrow,** Prakt. Nationalökonomie **Heilfron,** Bürgerl. Recht	**Gerstner,** Buchhaltung (Vorb.)
9—10	**Hartung,** Bankpolitik **Leitner,** Buchhaltungs-Seminar ***Passkowski,*** *Deutsch f. Ausländer*	**Jastrow,** Prakt. Nationalökonomie **Heilfron,** Bürgerl. Recht	**Hellauer,** Allg. Welthandelslehre **Hartung,** Bankpolitik **Leitner,** Wechselwirtschaftskde
10—11	**Eltzbacher,** Handelsrecht **Preuß,** Völkerrecht **Leitner,** Buchhaltungs-Seminar	**Schär,** Allg. Handelsbetriebsl. **Eltzbacher,** Uebungen f. Vorg. **Hellauer,** Arithmet. Uebungen	**Eltzbacher,** Handelsrecht **Hellauer,** Bank- u. Börsenverkehr
11—12	**Preuß,** Verwaltungsrecht **Manes,** Wicht. Versicherungszw. **Wegener,** Allg. Geographie	**Schär,** Buchhaltung **Hellauer,** Allg. Welthandelslehre **Eltzbacher,** Uebungen f. Vorg.	**Leitner,** Bank- u. Börsenhandel **Schär,** Handelsw. Seminar
12—1	**Preuß,** Verwaltungsrecht **Manes,** Versicherungsüb. f. Anf. **Wegener,** Allg. Geographie	**Hellauer,** Allg. Welthandelslehre **Tiessen,** Allg. Wirtschaftsgeogr.	**Sombart,** Allg. Nationalökonomie **Hellauer,** Arithm. d. Warenhdls. **Schär,** Handelsw. Seminar
1—2		**Martens,** Elektrotechnik	**Sombart,** Allg. Nationalökonomie
2—3	***Hart,*** *Engl. M.*	***Hart,*** *Engl. M.*	
3—4	***Hart,*** *Engl. M. —* ***Maillet,*** *Frans. M.*	***Hart,*** *Engl. M. —* ***Brandenburg,*** *Engl. O. —* ***Maillet,*** *Frans. O. —* ***Puy-Fourcat,*** *Frans. O. —* ***Coprian,*** *Stenographie U.*	***Maillet,*** *Frans. E.* **Martens,** Techn. Ausflüge
4—5	**Binz,** Anorg. chem. Technologie ***Hart,*** *Engl. O. —* ***Francillon,*** *Frans. M. —* ***Maillet,*** *Frans. M. —* ***Puy-Fourcat,*** *Frans. M. —* ***Schmidt,*** *Frans. O. —* ***Palme,*** *Russ. U. —* ***de Palacios,*** *Span. U. —* ***Stoppani,*** *Ital. U.*	***Hart,*** *Engl. M. —* ***Neuendorff,*** *Engl. M. —* ***Brandenburg,*** *Engl. O. —* ***Maillet,*** *Frans. O. —* ***Puy-Fourcat,*** *Frans. O. —* ***Boehme,*** *Russ. M. —* ***Stoppani,*** *Ital. M. —* ***Coprian,*** *Stenographie U.*	**Eltzbacher,** Jurist. Seminar **Sombart,** Volksw. Seminar ***Spies,*** *Engl. O. —* ***Boehme,*** *Russ. Lekt.*
5—6	**Binz,** Anorg. chem. Technologie ***Hart,*** *Engl. O. —* ***Francillon,*** *Frans. M. —* ***Puy-Fourcat,*** *Frans. M. —* ***Schmidt,*** *Franz. O. —* ***Palme,*** *Russ. U. —* ***de Palacios,*** *Span. U. —* ***de Mugica,*** *Span. M. —* ***Stoppani,*** *Ital. U.*	**Leitner,** Uebungen (Sem. I) ***Hart,*** *Engl. M. —* ***Neuendorff,*** *Engl. M. —* ***Boehme,*** *Russ. M. —* ***de Mugica,*** *Span. O. —* ***Stoppani,*** *Ital. M.*	**Eltzbacher,** Jurist. Seminar **Sombart,** Volksw. Seminar ***Spies,*** *Engl. O. —* ***Boehme,*** *Russ. Lektüre.*
6—7	**Manes,** Lebensversicherung **Ziegel,** Logarithmen ***de Mugica,*** *Span. M.*	**Justi,** Kunst d. rom. Länder **Norden,** Handelsjournalistik **Leitner,** Uebungen (Sem. I) ***de Mugica,*** *Span. O.*	**Kriele,** Uebungen **Crüger,** Genossensch. Uebungen (14 tägig) ***Brandenburg,*** *Engl. E.*
7—8	**Hager,** Vers.-Vertragsrecht **Marcuse,** Geogr. Ortsbestimmung **Palme,** Russische Staatsfinanzen **Muthesius,** Kunstgewerbe	**Leitner,** Buchhaltung f. Juristen **Meyer,** Wechselrecht **Hoeniger,** Dtsch. Handelsgesch.	**Heilfron,** Zivilprozeß **Rohrbach,** Dtsch. Kolonialwirtsch. **Kriele,** Uebungen **Crüger,** Genossensch. Uebungen (14 tägig)
8—9	**Hager,** Sozialversicherung **v. Luschan,** Allg. Völkerkunde **Marcuse,** Uebungen	**Sombart,** Moderne Gesellschaft **Meyer,** Recht d. Wertp. i. Weltverk. **Wegener,** China	**Hellauer,** Spez. Welthandelslehre **Rohrbach,** Dtsch. Kolonialwirtsch. **Crüger,** Genossensch. Organisat. **J. Hoffmann,** Eisenbahn-Praktik.
9—10			

In noch zu bestimmenden Stunden: **Jastrow,** Kolloquium

Sommer-Semester 1912.

Bei den *Sprachen* bedeutet *U.* = Unterkursus; *M.* = Mittelkursus, *O.* = Oberkursus. *E.* = Einstündiger Kursus für Fortgeschrittene.

Donnerstag	Freitag	Sonnabend	Stunde
***Paszkowski,** Deutsch f. Ausländer*	**Jastrow,** Prakt. Nationalökonom. **Heilfron,** Bürgerl. Recht	**Gerstner,** Buchhaltung (Vorb.)	8—9
v. Bortkiewicz, Nationalökonom. Streitfragen **Leitner,** Seminar II ***Paszkowski,** Deutsch f. Ausländer*	**Jastrow,** Prakt. Nationalökonom. **Heilfron,** Bürgerl. Recht **Hellauer,** Bank- u. Börsenverkehr	**Gerstner,** Buchhaltung (Vorb.) **v. Seefeld,** Staatl. Gewerbeförd.	9—10
Schär, Allg. Handelsbetriebslehre **Leitner,** Bank- u. Börsenhandel **Eltzbacher,** Ueb. i. Handelsrecht	**Schär,** Allg. Handelsbetriebsl. **Köbner,** Koloniale Probleme **Hellauer,** Handelsw. Seminar	**Eltzbacher,** Handelsrecht **Preuß,** Völkerrecht **Kühne,** Methodik	10—11
Leitner, Bank- u. Börsenhandel **Schär,** Buchhaltung	**Jastrow,** Einführung **Schär,** Buchhaltung **Hellauer,** Handelsw. Seminar	**Eltzbacher,** Konkursrecht **Martens,** Mechan. Technologie **Preuß,** Uebungen **Kühne,** Handelslehrerseminar I	11—12
Sombart, Allg. Nationalökonomie **Eltzbacher,** Jurispr. d. tägl. Leb.	**Martens,** Elektrotechnik **Tiessen,** Allg. Wirtschaftsgeogr. **Spies,** Engl. Phonetik	**Tiessen,** Allg. Wirtschaftsgeogr. **Preuß,** Uebungen **Kühne,** Handelslehrerseminar I	12—1
Sombart, Allg. Nationalökonomie	**Martens;** Elektrotechnik		1—2
***Hart,** Engl. M.*	***Hart,** Engl. M. — **Spies,** Engl. O.*		2—3
***Hart,** Engl. M. — **Brandenburg,** Engl. O. — **Maillet,** Frans. M. —*	**Jastrow,** Volksw. Seminar ***Hart,** Engl. M. — **Spies,** Engl. O. — **Maillet,** Frans. O. — **Puy-Fourcat,** Frans. O. — **Coprian,** Stenographie O.*		3—4
Binz, Organische Chemie ***Brandenburg,** Engl. O. **Hart,** Engl. O. — **Francillon,** Frans. M. — **Maillet,** Frans. M. — **Puy-Fourcat,** Frans. M. — **Schmidt,** Frans. O. — **Palme,** Russ. U. — **de Palacios,** Span. U. — **Stoppani,** Ital. U.*	**Jastrow,** Volksw. Seminar ***Hart,** Engl. M. — **Neuendorff,** Engl. M. — **Maillet,** Franz. O — **Puy-Fourcat,** Franz. O. — **Boehme,** Russ. M. — **Stoppani,** Ital. M. — **Coprian,** Stenographie O.*		4—5
Binz, Organische Chemie ***Hart,** Engl. O. — **Francillon,** Frans. M. — **Puy-Fourcat,** Franz. M. — **Schmidt,** Frans. O. — **Palme,** Russ. U. — **de Palacios,** Span. U. — **de Mugica,** Span. M. — **Stoppani,** Ital. U.*	**Kuczynski,** Volkswirtschaft Englands, Frankreichs, Belgiens ***Hart,** Engl. M. — **Neuendorff,** Engl. M. — **Boehme,** Russ. M. — **Stoppani,** Ital. M.*	**Martens,** Kleines physik.-technisches Praktikum Do oder Sb 3-6 Uhr. — Mittleres physikalisch-technisches Praktikum Do und Sb 3-6 Uhr. — Großes physikalisches Praktikum tägl. 9-6 Uhr. **Binz,** Chem. Praktikum, 3stündig, wahlweise in den Stunden von 10-1 oder 3-6 mit Ausnahme von Mi und Sb nachm. — Chemisches Praktikum, 6stündig, wahlweise in den Stunden von 10-1 oder 3-6 mit Ausnahme von Mi und Sb nachm.	5—6
Herrmann, Ueb. Lesen u. Bildung **Hecht,** Export-Kolloquium **Rahts,** Statistische Uebungen ***de Mugica,** Span. M.*	**Kuczynski,** Volkswirtschaft Englands, Frankreichs, Belgiens **Marcuse,** Luftschiffahrt **Osterrieth,** Warenzeichenrecht **Tiessen,** Geogr. Uebungen ***de Mugica,** Span. O.*		6—7
Eger, Speditionsrecht **Frischeisen-Köhler,** Das Weltbild der mod. Naturwissenschaft **v. Liebig,** Allg. Versicherungslehre **Ziegel,** Mathematik i. Bankgesch.	**Binz,** Kohle und Eisen **Haguenin,** Le théâtre en France depuis 1880 **v. Liebig,** Versicherungs-Prakt. (14 täg.) ***de Mugica,** Span. O.*		7—8
v. Liebig, Allg. Versicherungslehre **Paschke,** Buchherstellung **Spies,** Modern England	**Somary,** Geldmarkt **v. Liebig,** Versicherungs-Prakt. (14 täg.)		8—9
	Somary, Geld, Bank, Börse		9—10

E.

Bestimmungen über Anfragen, Aufnahmebedingungen, Gebühren, Drucksachen, ersten Immatrikulationstermin, Beginn der Vorlesungen, Ferien.

1. Anfragen in Unterrichtsangelegenheiten sind zu adressieren:

An den Rektor der Handels-Hochschule
Berlin C. 2,
Spandauer Straße 1

2. Anfragen einfacherer Art: z. B. betreffend Immatrikulationstage, Drucksachen etc. können auch

An das Sekretariat der Handels-Hochschule
Berlin C. 2,
Spandauer Straße 1

gerichtet werden.

3. Aufnahmebedingungen und Gebühren.

a) Für die Immatrikulation als Studierender ist erforderlich:
entweder Einjährig-Freiwilligen-Zeugnis und Zeugnis über beendete kaufmännische Lehrzeit
oder Abiturienten-Zeugnis einer Vollanstalt
oder Zeugnis über bestandene zweite Lehramts-Prüfung.

Studiengeld pro Semester 125 M. (Ausländer 250 M.), einmalige Aufnahmegebühr 30 M. (Ausländer 60 M.). Studierende, die bereits an einer andern Hochschule immatrikuliert waren, zahlen nur die halbe Aufnahmegebühr. Mitglieder der Korporation der Kaufmannschaft von Berlin, sowie deren Söhne und Töchter sind von der Aufnahmegebühr befreit.

b) Als Hospitanten können Personen zugelassen werden, welche zwar den Aufnahmebedingungen zu a) genügen, aber durch persönliche Verhältnisse (höheres Lebensalter, Lebensstellung usw.) verhindert sind, sich als Studierende immatrikulieren zu lassen. Sie bezahlen als Kollegiengeld für die Wochenstunde pro Semester 10 M. (Ausländer 20 M.), sowie als Gebühr für die Benutzung der Bibliothek und Lesehalle pro Semester 5 M.

c) **Hörer** ohne Nachweis einer bestimmten Vorbildung können zu einstündigen Vorlesungen zugelassen werden und zahlen für die Wochenstunde pro Semester 10 M. (Ein Auszug aus dem Vorlesungsverzeichnis, enthaltend die „Einstündigen Vorlesungen“, kann vom Sekretariat unentgeltlich bezogen werden.)

4. Ausführlichere Angaben betreffend die Handels-Hochschule, sowie Immatrikulationsbestimmungen, Gebührenordnung, Prüfungsordnungen usw. sind enthalten in den Druckschriften:

   „Die Handels-Hochschule Berlin, Bericht über die erste Rektoratsperiode Oktober 1906 bis 1909, erstattet von dem Rektor der Handels-Hochschule Professor Dr. Jastrow.“ Verlag von Georg Reimer, Berlin W. 35. Preis 3 M.

   und

   „Bericht über das vierte und fünfte Studienjahr der Handels-Hochschule Berlin, Oktober 1909 bis 1911, erstattet von dem Rektor der Handels-Hochschule Professor Dr. A. Binz.“ Preis 1,50 M.

   die durch jede Buchhandlung sowie direkt vom Verlage zu beziehen sind.

5. Die erste Immatrikulation für das Sommer-Semester findet statt: **Montag, den 15. April.** Gleichzeitig beginnen, insbesondere für neu immatrikulierte Studierende, die eine Beratung über den Studienplan wünschen, die Sprechstunden des Rektors (s. S. 3). Anmeldungen zur Immatrikulation werden jederzeit (auch während der Ferien) im Sekretariat der Handels-Hochschule entgegengenommen. — Die Vorlesungen beginnen **Donnerstag, den 25. April.** Den Studierenden wird empfohlen, beim Mieten von Zimmern zu vereinbaren, daß für die letzten Tage des April die Miete tagweise zu berechnen ist.

6. Pfingstferien: 25. Mai bis 1. Juni einschließlich.

Börsenbuchdruckerei Denter & Nicolas,
Berlin C.

www.ingramcontent.com/pod-product-compliance
Lightning Source LLC
LaVergne TN
LVHW042254300926
849161LV00003B/594